地球空间信息学前沿丛书（第二辑）

基于深度学习的高分辨率遥感影像智能解译与变化检测

张觅 著

武汉大学出版社

图书在版编目(CIP)数据

基于深度学习的高分辨率遥感影像智能解译与变化检测 / 张觅著.
武汉：武汉大学出版社，2025.3. -- 地球空间信息学前沿丛书.第二辑.
ISBN 978-7-307-24812-0

Ⅰ.TP753

中国国家版本馆 CIP 数据核字第 2024C8V288 号

责任编辑：谢文涛　　责任校对：鄢春梅　　版式设计：马　佳

出版发行：武汉大学出版社　　(430072　武昌　珞珈山)
（电子邮箱：cbs22@whu.edu.cn　网址：www.wdp.com.cn）
印刷：湖北恒泰印务有限公司
开本：787×1092　1/16　印张：11.5　字数：234 千字　插页：3
版次：2025 年 3 月第 1 版　　2025 年 3 月第 1 次印刷
ISBN 978-7-307-24812-0　　定价：69.00 元

版权所有，不得翻印；凡购我社的图书，如有质量问题，请与当地图书销售部门联系调换。

作者简介

张觅，武汉大学副研究员，长期从事智能遥感影像解译研究，担任中国遥感应用协会智能遥感开源联盟副秘书长、湖北珞珈实验室智能遥感解译中心副主任。主持或参与20余项国家自然科学基金、重点研发计划等项目，发表论文30余篇，担任CVPR/ICCV/ECCV、ISPRS/TGRS/TIP等顶级会议与期刊审稿人。参与研发的EasyFeature系统支撑了"全球测图"等国家重大工程，经济效益逾2亿元。开发首个遥感深度学习框架LuoJiaNET，吸引全球5000+用户；提出LuoJiaSET分类体系，支撑OGC TrainingDML国际标准制定。与华为、百度等企业合作，主导研发28亿参数的多模态人机协同大模型LuoJia.SmartSensing（珞珈·灵感），显著提升了遥感解译的鲁棒性和迁移能力。相关成果荣获"测绘科学技术特等奖""地理信息科技进步特等奖"等重要科技奖励。

前　言

近年来，随着物联网、云计算、人工智能等技术的发展，全球时空数据急剧增加，推动了遥感信息提取进入全球覆盖、全天候监测、全要素观测的大数据时代。基于深度学习的遥感影像智能解译与变化检测技术，是当前提升遥感大数据服务能力的有效手段，同时也面临着诸多机遇和挑战。我国先后启动了"全球测图""基于国产遥感卫星的典型要素提取技术"等项目，其目的是提升全球地理要素的自主获取与更新能力，打破国外在 GIS 领域人工智能的技术封锁，使国产卫星遥感影像在智能化信息提取与更新方面的关键技术问题取得突破。

在此背景下，作者面向遥感影像智能解译与变化检测的迫切需求，系统地研究了基于深度学习的高分辨率遥感影像智能解译与变化检测方法，从"数据-像素-目标-场景"等多个层次，构建了全要素、专题要素以及人机交互的智能解译方案，同时介绍了密集连接和几何结构约束的变化检测模型。本书以作者近十年来承担或参与的多项国家级科研项目的研究成果为基础，对博士后以及担任副研究员期间的核心研究成果进行总结，力图全面、系统地阐述基于深度学习的高分辨率遥感影像智能解译与变化检测任务的共性、关键性的理论和技术方法，为典型要素提取与变化目标识别提供坚实的技术支撑。

本书共分 6 章：第 1 章介绍高分辨率遥感影像智能解译与变化检测国内外研究现状；第 2 章介绍高分辨率遥感影像语义分割层次认知模型；第 3 章详细地阐述线状与面状专题要素提取方法；第 4 章重点描述交互式目标提取方法；第 5 章分析多分支结构的变化检测技术；第 6 章是总结与展望。本书主要从以下 8 个方面来探讨高分辨率遥感影像的智能解译与变化检测方法。

（1）针对智能解译样本问题，研究高分辨率影像样本数据增广方法。对于室内/室外高分辨率影像，已有大量的开放数据可作为训练样本。但对于高分辨率遥感影像语义分割任务，目前并没有大量像素级已标注的专业数据供分析研究，而且由于政策限制的原因，通常有庞大数量的标注数据尚未公开，只能得到部分丢失原始信息的标注数据。因而在训练样本有限的情况下，研究利用异源公众数据来增广训练样本的方法，有利于实现训练样本的标注多样性，从数据源头上解决或缓解遥感影像标注问题。以生成式对抗网络（generative adversarial network，GAN）为代表的数据生成方式，为训练样本的增广提供了可能思路。本书探究条件最小二乘生成式对抗网络(conditional least squares generative adversarial network，CLS-GAN)方法在高分辨率样本数据增广方面的应用，从 CLS-GAN 损失函数及网络结构设计方法、与 f-散度关系以及目标函数梯度收敛性方面逐一剖析，以高分辨率室内/室外影像和遥感影像为数据源，探究 CLS-GAN 作为语义分割数据增广的可靠性，为后续层次认知模型方法奠定了数据"燃料"基础。

(2)针对在像素层级的解译任务，研究多尺度流形排序的语义分割方法。深度卷积神经网络(deep convolutional neural network，DCNN)基础影像分类网络，如 VGG-Net，RestNet 等，在一定程度上能很好地用于自然影像的语义分割，但仍缺乏先验知识以及空间上下文的融入。与此同时，内采用离散域内条件随机场(conditional random field，CRF)作为后处理或者融入 DCNN 网络采用近似解的方法，虽然已经得到了很好的研究，但在近似求解的过程中，通常需要采用多阶段学习，或者使用额外的数据对模型做扩充处理，这会隐藏 DCNN 网络的真正性能，不利于寻找适合于高分辨率遥感影像语义分割的方法策略。针对这些问题，本书提出对偶多尺度流形排序网络(dual multi-scale manifold ranking for semantic segmentation，DMSMR)，用于刻画遥感目标语义分割特性。该方法可以避免离散域近似求解的过程，获取全局最优解，同时考虑多尺度、感受野等因素，融入更多空间上下文信息。该方法的主要贡献有两点：其一，在 DCNN 的框架中以"端对端"的解决方案将流形排序优化的方式融入其中，在线性求解的过程中保证全局最优；其二，在多尺度框架下，引入"扩张-非扩张"对偶卷积的策略，使得 DCNN 方法对遥感影像有合适的感受野。

(3)针对在目标层级的解译任务，研究旋转不变目标辅助的语义分割方法。现有 DCNN 框架对含带外包矩形框的目标已取得很高的检测精度，但对遥感影像上特定目标的方向性视觉刺激仍缺少合理描述，因此需要寻找视觉系统中回路的方向选择特性的表征方法，辅助语义分割。DCNN 最大池化(max pooling)和多层卷积组合的操作，使得网络结构已经具备了一定的平移和尺度不变的能力，因而 DCNN 网络的旋转不变性提取，归根结底在于卷积核如何实现旋转不变的特性。此外，视觉的方向性选择过程很大程度上就是目标主方向的估计过程。在 DCNN 框架中考虑目标主方向因素，辅助语义分割获取鲁棒结果，是另外一个重要研究问题。基于这两点考虑，本书设计基于 Gabor 滤波器的卷积核分解方法，用于实现 DCNN 网络旋转不变特性。通过调整 Gabor 滤波器的参数，变换 Gabor 滤波器的位置和方向，替换 DCNN 的"矩形"卷积核(组)，能很好地描述 DCNN 方法的方向性。进一步地，采用方向回归的算法，实现"端对端"的目标主方向性估计，辅助提升语义分割的精度和鲁棒性。

(4)针对在场景层级的解译任务，研究场景约束条件下的语义分割方法。人类视觉认知具有大范围优先的特点，对视觉信号刺激的处理倾向于优先加工整体。高分辨率遥感影像的特点是像幅大、背景信息复杂，通常存在诸如"同谱异物、同物异谱"的现象，因此在遥感影像语义分割过程中融入较大范围的场景信息，能优化语义分割模型，提高语义分割结果的可靠性。针对遥感影像场景约束信息条件下的语义分割方法，模型设计主要注重三个方面：①设计与地理国情普查第一大类粗粒度相应的场景约束的 DCNN 结构，以符合实际应用需求；②在语义分割框架中，提出融合先验场景知识的语义分割最大似然估计模型，通过该模型获取场景约束最优化信息；③设计场景约束条件下场景类别与语义分割类别均衡化方法，通过设计合理的损失函数，使场景类别与语义类别之间更加均衡，进而达到优化整合场景信息、抑制无关场景信息干扰的目的。

（5）在线状地物提取方面，研究顾及拓扑结构的线状地物要素提取。为了对道路中心线和边线进行高精度定位，采用一种基于道路显著性图预测和宽度估计的遥感影像中心线和边线提取算法。首先利用 DCNN 训练和预测道路显著性图与道路宽度图，然后对 DCNN 预测出的显著性图进行非极大值抑制（non-maximum suppression，NMS）提取道路中线并进行道路追踪，接着根据提取出的道路中线和 DCNN 预测的道路宽度提取道路双线，最后为了提高道路网的完整性，利用张量投票对孤立的道路基元进行感知编组，得到更高质量的道路拓扑结构。进一步地，通过提取道路节点和建立节点间连接性估计模型，对不同节点之间的连接性进行量化，以此为基础对道路网进行拓扑重建，推断出构建道路网所需的边，进而对提取的道路网进行拓扑优化。

（6）在面状地物提取方面，研究顾及空间上下文的面状地物要素提取。现有的面状地物要素提取方法主要采用先分割再边界矢量化的方法，其建立在已有分割结果上，能获取较高的精度，但无法直接获取矢量多边形。本书提出一种基于种子点多层特征融合的端到端面状地物矢量提取方法，将融合上下文的遥感影像特征抽取、端到端初始种子点预测、边界矢量捕捉相结合，实现端到端的面状地物要素的矢量提取。首先，对于训练影像使用深度卷积网络抽取特征，采用流形排序方法融合影像高阶信息，从中推估空间场景上下文和语义信息；然后，基于基础网络结构抽取的多层级的空间上下文特征，以目标边界为约束，通过多层的特征结合预测待处理目标的初始种子点，以便用于优化捕捉矢量边界；最后，以初始种子点为中心，构建边界点与初始中心的拓扑关系，通过端对端拓扑关系优化，保持边界采样点的拓扑关系，以获取边界点之间的连接关系，进而得到矢量结构输出。

（7）在人机交互方法方面，基于深度学习的遥感目标人机交互半自动提取方法，建立融入注意力机制的人机交互的半自动提取方法（higher-order non-local click，HOS-NL Click）。它结合"点模拟"与"笔画模拟"两种方式，将"笔画模拟"的序列点转换为"点模拟"。设计自动提取与半自动交互提取优化方法相结合的机制，该机制首先预测影像中单类目标，得到指定类别目标的初始分割信息；然后在初始分割结果基础上，以预测区域重心为"模拟点"，得到该区域矢量化边界的优化结果。

3

（8）在变化检测方面，研究密集连接与几何结构约束的变化检测方法。提出融合几何结构的网络结构（dual context geometry constrain change detection，DCGC-CD），实现了特征跨层重用与几何结构约束（主要是边缘信息）对变化区域的表征，通过类别损失、多分支几何结构边缘构损等调整，预测得到两期影像的变化区域。在 SZTAKI 数据上经验证，与 FC-EF、FC-Siam-conc、FC-Siam-diff 方法相比，本书给出的方法在 OA/Precision/Recall/mIoU 等指标上均具有明显优势。同时本书也展示了在实际项目上的效果，经过在粤北乡村、珠三角城乡接合部、衡阳等地区实际测试，表明 DCGC-CD 方法可有效用于实际工程项目，满足变化图斑的识别与更新任务。

本书的研究工作得到了国家重点研发计划项目"基于国产遥感卫星的典型要素提取技术"（2016YFB0501403）、国家自然科学基金委重大研究计划项目"大规模遥感影像样本库构建及开源遥感深度网络框架模型研究"（92038301）、国家自然科学基金青年基金项目"遥感影像语义分割知识迁移的元学习方法"（41901265）、中国博士后面上基金项目"遥感影像星地协同感知方法研究"（2018M642915）、武大-华为联合实验室开放基金项目"高分辨率遥感影像绿地水系矢量提取方法研究"（YBN2018095106）等科研项目的资助，在此表示感谢！

本书探索了高分辨率遥感影像智能解译与变化检测的方法，虽然在理论与技术应用方面取得了一定的进展，但仍有不少问题亟须进一步深入研究。随着 ChatGPT、SAM 等大模型技术的发展，相关内容可能已经更新，但对于从事高分辨率遥感影像解译和变化检测理论研究与应用的读者来说，期望本书的出版能起到抛砖引玉的作用。本书在成稿过程中，得到武汉大学胡翔云教授、华中师范大学庞世燕副教授、李小凯博士的拨冗斧正，特此表示感谢。限于作者水平以及有些内容仍在持续研究，本书不妥之处在所难免，敬请广大读者批评指正。

张 觅

2024 年 5 月 16 日于武汉大学

目 录

第1章 绪论 ··· 1
1.1 高分辨率遥感影像智能解译与变化检测研究概述 ············ 1
1.2 高分辨率遥感影像智能解译与变化检测研究现状 ············ 5
1.2.1 多源数据增广 ·· 5
1.2.2 高分辨率影像语义分割 ··································· 6
1.2.3 专题要素提取与交互式分割 ······························ 13
1.2.4 高分辨率影像变化检测 ·································· 16
1.3 高分辨率遥感影像智能解译与变化检测面临的挑战 ········· 20
1.4 本书的研究内容 ··· 22
1.5 本章小结 ··· 23

第2章 高分辨率遥感影像语义分割层次认知模型 ·············· 25
2.1 引言 ·· 25
2.2 高分辨率影像样本数据增广 ································· 25
2.2.1 生成式对抗网络 ··· 26
2.2.2 条件生成式对抗网络 ···································· 27
2.2.3 条件最小二乘损失函数与框架设计 ····················· 28
2.2.4 条件最小二乘损失函数与 f-散度 ······················· 29
2.2.5 实验结果分析 ·· 31
2.3 基于多尺度流形排序的语义分割 ···························· 37
2.3.1 基础网络结构设计 ······································· 37
2.3.2 代表性网络结构 ··· 38
2.3.3 影像多尺度编码 ··· 42
2.3.4 扩张卷积与感受野 ······································· 44
2.3.5 "扩张-非扩张"对偶卷积层集 ··························· 44
2.3.6 多标签流形排序优化 ···································· 46

  2.3.7 基于多策略融合的 DMSMR 结构 ··········· 47
  2.3.8 DMSMR 网络结构参数 ··········· 48
  2.3.9 实验结果分析 ··········· 50
 2.4 基于旋转不变目标辅助的语义分割 ··········· 64
  2.4.1 深度网络旋转不变结构设计 ··········· 64
  2.4.2 输入特征方向扩张 ··········· 65
  2.4.3 卷积核分解 ··········· 65
  2.4.4 特征方向规划 ··········· 66
  2.4.5 顾及目标主方向的损失函数设计 ··········· 67
  2.4.6 旋转不变目标检测网络结构设计 ··········· 68
  2.4.7 旋转不变目标辅助语义分割策略选择 ··········· 68
  2.4.8 实验结果分析 ··········· 70
 2.5 基于场景约束条件下的语义分割 ··········· 80
  2.5.1 场景类别信息的融合策略 ··········· 80
  2.5.2 场景信息最大似然估计 ··········· 82
  2.5.3 交替迭代场景优化算法 ··········· 83
  2.5.4 归一化模态类别损失均衡化方法 ··········· 84
  2.5.5 实验结果分析 ··········· 85
 2.6 本章小结 ··········· 89

第3章 顾及拓扑结构与空间上下文的专题要素提取 ··········· 90
 3.1 引言 ··········· 90
 3.2 顾及拓扑结构的线状地物要素提取 ··········· 90
  3.2.1 中心线与边界提取 ··········· 90
  3.2.2 线状地物拓扑结构重建 ··········· 91
  3.2.3 线状地物拓扑连接优化 ··········· 92
  3.2.4 实验结果分析 ··········· 98
 3.3 顾及空间上下文的面状地物要素提取 ··········· 101
  3.3.1 面状地物要素的网络结构提取 ··········· 101
  3.3.2 空间上下文信息融合 ··········· 102
  3.3.3 多尺度目标种子点的预测 ··········· 103
  3.3.4 边界矢量捕捉与优化 ··········· 104
  3.3.5 实验结果分析 ··········· 105

3.4 本章小结 ·· 107

第4章 融合高阶注意力机制的交互式目标提取 ························· 108
4.1 引言 ·· 108
4.2 传统自然地物交互式提取方法 ·· 108
4.2.1 过分割 ·· 109
4.2.2 特征提取 ·· 110
4.2.3 模型的建立与求解 ·· 113
4.2.4 边界优化 ·· 116
4.2.5 部分结果 ·· 118
4.3 融合高阶注意力机制的 HOS-NLClick 模型 ································· 120
4.3.1 交互分割方式模拟示例 ··· 120
4.3.2 PS-NL 模型 ··· 121
4.3.3 HOS-NL 高效求解方法 ··· 122
4.4 自动解译与人机交互结合 ·· 122
4.5 实验结果分析 ·· 123
4.5.1 数据说明 ·· 123
4.5.2 实验方法 ·· 124
4.5.3 结果分析 ·· 124
4.6 本章小结 ·· 127

第5章 基于密集连接和几何结构约束的变化检测 ························· 128
5.1 引言 ·· 128
5.2 顾及多源信息的传统变化检测方法 ·· 128
5.2.1 预处理 ·· 129
5.2.2 D-DSM 获取 ··· 129
5.2.3 初始变化对象生成 ·· 129
5.2.4 融合高程和影像结构特征的变化对象分类 ······················· 130
5.3 基于密集连接与几何结构约束的 DCGC-CD 网络 ····················· 132
5.4 DCGC-CD 与相关结构的比较 ·· 136
5.5 多分支几何结构约束的损失函数设计 ·· 138
5.6 实验结果分析 ·· 139
5.6.1 数据说明 ·· 139

目 录

  5.6.2 实验方法 ……………………………………………………………… 139
  5.6.3 结果分析 ……………………………………………………………… 140
 5.7 本章小结 ………………………………………………………………… 143

第6章 总结与展望 ………………………………………………………… 144
 6.1 总结 ……………………………………………………………………… 144
 6.2 展望 ……………………………………………………………………… 145

参考文献 ……………………………………………………………………… 147

第1章 绪 论

1.1 高分辨率遥感影像智能解译与变化检测研究概述

自高分辨率对地观测系统重大专项实施以来,我国已形成一套集高空间、高光谱、高时间分辨率和宽地面覆盖于一体的对地观测系统(李德仁等,2012),实现了全天时、全天候、全方位地对地精细化观测。但与强大的数据获取能力形成鲜明对比的是,我国遥感天基空间信息网络的智能感知、认知能力仍有待进一步提升(李德仁等,2017)。与此同时,为获取全球范围内高精度、高时效、高可靠性的地形要素数据,满足国家"一带一路""走出去"的倡议实施需求,我国先后开展了"全球测图""基于国产遥感卫星的典型要素提取技术"等重大科研项目,其目的是提高我国全球地形要素的自主获取能力,解决国产遥感卫星在智能化信息提取与变化更新方面的关键问题。高分辨率遥感影像信息智能化提取与变化信息自动更新,不仅有助于地理信息数据的快速更新,而且可以被广泛应用于国土变化检测、地理国情监测、防震减灾应急处理等领域,有着巨大的经济效益和社会价值。

高分辨率遥感影像智能化解译方法是一个非常活跃的研究领域,传统的解译方法综合利用影像的光谱、几何、纹理特征,或者以其他专家知识和经验指数(韩洁等,2017;Zhao et al.,2016),构建特征知识库实现"经验化"的解译过程(郝建明等,2017)。这类影像解译方式包括特征抽取、特征融合及选择以及特征分类三个步骤。特征抽取过程的主要思路是使用滑动窗口(Li et al.,2016)或者对影像做超像素分割(Ma et al.,2016),以固定或者可变大小的滑动窗口以及超像素为单位,抽取目标的特征信息(如HOG、SIFT、Haar等特征)。例如,近些年采用的面向对象的遥感影像分析方法(Li et al.,2017),以SLIC方法(Achanta et al.,2012)进行超像素分割或者采用变分水平集方法(Li et al.,2015)实现影像分割,进而构建特征抽取单元。传统的特征融合和自动选择方法往往需要针对各类地物采用不同的准则(He et al.,2005;Shevade et al.,2003;Liu et al.,1995;Kononenko,1994;Cover et al.,1991)构建模型。特征分类过程中,除选取经典的随机树/森林(Belgiu et al., 2016)和支持向量机(Support Vector Machine, SVM)分类方法外, 采用 Boosting 方法构建由弱分类器组合而成的强分类器(Schapire, R E, 2003)也可用于复杂场景的分类和标记。近年来, 结合高阶条件随机场和概率图模型(Habibie et al., 2015; Li et al., 2015; Krähenbühl et al., 2011)的方法, 能很好地聚合优化影像目标特征, 实现影像特征分类。在特征抽取和特征选择建模的过程中, 这类传统的机器学习方法依赖于特定场景和经验性的人工特征设计算法, 缺乏普适性的指导, 对以实用化为目的的大范围多样化的遥感影像解译, 仍然难以达到实际应用所需的精度和鲁棒性。

在遥感影像变化信息提取方面, 传统作业方法主要是通过人工目视判读新旧两期正射影像及现场排查来获取前后两期影像的变化信息, 其效率极其低下。针对人工排查耗时耗力的问题, 在过去数十年内已有大量的方法被提出, 但仍未形成通用的变化检测技术(Asokan, 2019; Xie et al., 2015)。依据变化处理粒度, 变化检测方法可分为像素级、目标级和场景级的变化检测三个方面(眭海刚等, 2017; Gong et al., 2017)。像素级的变化检测方法通常通过直接比较两期或多期影像的空间信息、经验指数或纹理信息获取初始变化图(Du, 2011; Radke, 2005), 然后使用阈值分割或聚类方法, 得到最终的变化图斑; 目标级的变化检测方法是基于目标对象的处理方法, 以影像分割或分类后的处理单元为基础, 综合多时相的分割目标属性或空间上下文以获取变化区域(Gong et al., 2017; 冯文卿等, 2017); 场景级的变化检测方法是以更大范围的影像块(patch)作为处理单元, 通过高层次的语义信息相关性, 提取大范围区域内语义类别"变"与"未变"信息。

近几年兴起的深度卷积神经网络(deep convolutional neural networks, DCNN)在遥感影像智能化解译及变化检测方面得到了大范围研究和应用。例如, SpaceNet(Van et al., 2018)、CrowdAI(Mohanty et al., 2019)、DOTA(Xia et al., 2018)、GID(Tong et al., 2018)等解译数据和 IEEE Onera(Daudt et al., 2018)、XView(Lam et al., 2018)、LEVIR-CD(Chen et al., 2020)等变化检测比赛数据的出现, 使得遥感解译与变化检测精度均大幅提升, 在一些遥感公开数据集上甚至获得优于 95%的精度, 是目前特征抽取最好的一种方法(Lecun et al., 2015), 其主要原因是 DCNN 模拟了人类视觉层次处理机制(图 1.1)。这种处理机制, 从大脑 V1 区域提取如边缘、亮度、颜色等底层特征, 到 V2 区域抽取形状信息, 再到高层次视觉抽象完成综合反馈。对应地, 在 DCNN 框架中对输入层信息通过隐藏层、输出层进行逐层抽象, 以线性拟合和非线性激活函数(Xu et al., 2015)层层组合的形式, 得到输入数据"重复模式"的最优逼近。

通过大量标记样本的学习, 基于 DCNN 的语义分割与变化检测方法在很大程度上避免了人工设计特征的局限, 是目前效果最好的一类方法。但这类方法由自然影像模型迁移而来, 在没有大规模公开的专业化数据(如按照地理国情普查进行标注的数据)集体研究使用条件下, 海量遥感影像语义分割样本标注、实际生产所需计算资源需求, 以及针对遥感影

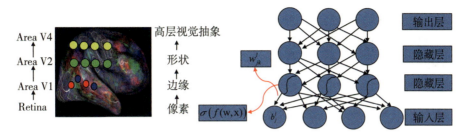

图1.1 深度卷积神经网络层次化抽象处理方式

像合理的深度卷积神经网络构建等问题,对DCNN方法在遥感影像解译与变化检测应用方面仍带来诸多挑战。具体表现为:①训练数据缺乏。对于室内/室外影像,有大量已标注的语义分割样本和数据库(Cordts et al., 2015; Hariharan et al., 2012; Everingham et al., 2010; Brostow et al., 2009)可供研究使用(如CityScape、PASCAL VOC、CamVid数据集等)。但对遥感影像,虽然目前有一些公开数据,例如SpaceNet包含126747栋建筑多边形信息、CrowdAI Mapping包含280741幅建筑物训练影像、LEVIR-CD包含673对变化检测样本等,但其数量仍不满足语义分割与变化检测网络对标注样本的需求。另外,遥感影像并不限于RGB三通道,其包含信息更丰富,准确的影像标注需要大量人力物力支撑,很多境外要素甚至无法获得有效标注信息。②尺度变化较大。处理遥感影像时,常需要面对异源、不同平台的高分辨率遥感数据,导致多源数据条件下尺度变化不一致,难以很好地挖掘不同分辨率数据特征。③目标方向性比较显著。高分辨率遥感影像上,许多典型目标都有着很强的方向性,单个外包矩形难以刻画聚集型的目标,如房屋等。因此,需要研究遥感影像典型目标的方向检测方法,使用方向不变性信息作为辅助,从而精确地表征遥感目标的特征信息。④场景上下文信息更为复杂。对于室内/室外影像,由于像幅较小,目标只有有限的空间上下文信息。而对于高分辨率遥感影像而言,像幅很大,通常为室内/室外影像的3~4倍大小,单幅影像中的典型目标(如道路等)可能包含着无限多的空间上下文信息。

视觉神经系统的层次认知方式能够实现对绝大多数外界环境的感知,具有极强的信息综合和识别能力,有助于设计鲁棒和高精度的遥感影像解译与变化检测算法。视觉神经系统的层次认知方式(Farabet et al., 2013; 钱乐乐, 2009; 莫永华等, 2008)是通过视觉感官获取低层视觉响应与激励(如尺度、颜色、亮度等),并通过中层神经回路的侧抑制和方向性选择编码机制,利用大脑高层区域进行抽象处理,完成视觉信号的加工和认知反馈,实现由低级到高级的视觉目标场景信息逐层次处理。这种层次认知方式能够指导寻找合理的视觉感知机制与数学建模方法,并通过计算机使实现的视觉任务感知模型更加鲁棒和高效。该认知机制应用于遥感影像分析和处理具有以下明显优势。

(1)视觉尺度分析机制可以通过尺度参数连续变化,综合分析不同尺度下的视觉信息,有助于挖掘出目标在不同分辨率下的最优表征信息(孙剑等,2005)。Audebert 等(2016)受视觉的多尺度效应启发,通过多模态融合方式构建多尺度深度卷积网络,实现了遥感对地观测影像有效的语义分割。利用这种尺度变化效应,Yu 等(2015)创造性地提出"扩张卷积"(dilation convolution)概念,在不降低分辨率的前提下,使卷积网络不同尺度的感受野呈指数扩张。

(2)视觉回路的方向性选择(Masland,2013)特性在处理多感受野朝向性关联的复杂场景中体现出更强的智能性(李康群等,2017)。例如,深度学习领域的先驱 Hiton 教授提出的"胶囊模型"(Saber et al.,2017),其中一个重要特性就是目标的旋转等价性;Worrall 等(2017)将虚数的概念引入神经网络中,构建了调和网络层(harmonic networks),以实部和虚部组合的方式模拟出人类视觉对场景中方向性信息的感知;程塨等(Cheng et al.,2016)采用特征旋转前后的映射关系构建损失函数调整约束条件,通过 RICNN(region-based image captioning neural network,RICNN)模型,在高分辨率遥感影像旋转目标检测中取得了较好的结果。

(3)视觉认知大范围优先理论(Glasser et al.,2016;刘明慧等,2014;Davis,1979)指出,人类对视觉信号刺激的处理表现出倾向于优先加工整体的特点。例如,在大幅遥感影像分块处理过程中,如果当前处理区域中房屋占据绝大多数,那么该区块影像应将房屋这种先验类别信息作为主导约束信息(Marmanis et al.,2016)来引导特征深层抽取。当融合该区域的场景信息后,复杂的背景可以得到有效抑制,逐层排除无关场景的干扰信息,从而提升视觉信息抽取可靠性。

针对遥感影像语义分割与变化检测的共性问题,受上述视觉系统层次认知方式的启发,本书以高分辨率遥感影像智能解译与变化检测的实际任务需求为出发点,借鉴自然影像处理 DCNN 的工作方式,聚焦设计适合高分辨率遥感影像智能解译与变化检测任务的深度神经网络结构,系统地构建了"数据-像素-目标-场景"的遥感影像语义分割层次认知模型与几何结构约束的变化检测模型。以此为基础,开展了遥感影像专题要素(如道路、房屋、水系等线状与面状地物)的自动与半自动交互提取方法研究。在"全球测图""基于国产遥感卫星的典型要素提取技术"等国家重点科研项目中,经验证,本书所提出的方法自动化测图程度可达 80%,准确率高达 85%。通过对遥感影像多层级语义分割与变化检测方法的研究,可以进一步提升在实际生产中遥感影像自动化解译的程度,提高生产效率,减少解译过程中的人工干预,具有重要的科研和应用价值。

1.2 高分辨率遥感影像智能解译与变化检测研究现状

1.2.1 多源数据增广

已有大量的高分辨率自然影像开放数据库可作为训练样本，如 ImageNet、PASCAL VOC 和 MS-COCO 数据集等；但对于高分辨率遥感影像，目前并没有如此大量已标注的像素级专业数据库供分析研究，而且由于政策限制原因，通常无法获取到庞大数量的专业标注数据。因此，需要研究在有限训练样本情况下，利用公众数据（如 Open Street Map、Google Earth 影像、Open Aerial Map 等）来对多源数据进行增广，实现训练样本的标注多样性。目前，以生成式对抗网络（generative adversarial network，GAN）（Goodfellow，2016；Goodfellow et al.，2014）为基础的神经网络构架为异源数据增广提供了可能途径。GAN 构架由两部分组成：第一部分为判别器，用于区分输入是真是假；另一部分是生成器，用于生成与真实样本像接近的模拟数据。与全可见置信网络（fully visible belief network）以及独立成分分析（independent components analysis）方法相比，GAN 可以并行产生样本，并且不需要复杂的马尔可夫链分析以及变分边界。Denton 等（2015）提出一种拉普拉斯金字塔网络结构，由粗到精地产生高质量自然影像。Radford 等（2015）采用 CNN 作为判别器和生成器的架构，能高效地在无监督学习中得以应用，从而在未标注的数据集上学习到可用的特征；为了使生成器与判别器的分布最佳相似，Hjelm 等（2017）提出了一种生成器构成边界搜寻生成式对抗网络（boundary-seeking GAN），生成器的分布可以接近判别器的边缘分布。Liu 等（2016）提出结对生成式对抗网络（CoGAN），通过生成器和判别器权值共享约束来获取异源数据的联合分布。Zhao 等（2016）将判别器看作是一种能量函数，接近数据流形区域的能量较低，其他区域的能量较高。Nowozin 等（2016）将生成式对抗网络看作是一种更普遍的变分散度的特例，并且证明 f-散度（Csiszár et al.，1990；Liese et al.，2006）能用于训练生成样本。

与这些从数据本身寻找内部流形结构，无需任何限制条件的方法不同，Mirza 等（2014）提出对判别器和生成器均使用额外的限制条件作为约束，从而引导数据的生成过程。Chen 等（2016）进一步提出将信息论的方法引入 GAN 中，构成 InfoGAN 网络，用来学习这种潜在的限制条件。GAN 方法最大的突破是由 Arjovsky 等（2017）提出的 WGAN（Wasserstein GAN，WGAN）方法，其从根本上解决了传统 GAN 训练时所存在的问题，如判别器越好，生成器梯度消失越严重以及梯度不稳定、多样性不足等。Mao 等（2017）提出在非监督学习中用最小二乘损失函数替代 WGAN 中的损失函数，以获取更快的收敛速度。

Isola 等(2016)利用带有限制条件的 GAN,综合分析了 GAN 在样本生成、语义分割、色彩转换和轮廓转换方面的应用,证实了 GAN 方法在各种任务中的可用性,并提出了 pix2pix 转换框架。Zhu 等(2017)将源影像和目标影像之间的转换过程,看作是从一个域转换到另外一个域的过程,该过程中要保持循环转换生成(CycleGAN)的一致性。Kim 等(2017)构建不同域之间的转换关系,利用 L2 正则化约束,实现不同域之间的循环转换关系(DiscoGAN),该循环转换关系能很好地指导多源样本的生成。

GAN 方法虽然在高分辨率自然影像处理方面取得了显著成果,但在高分辨率遥感影像处理方面,目前研究仍在起步阶段。Lin 等(2016)使用 GAN 方法对现有的遥感影像场景分类做了改进,使精度得到明显提升。Zhai 等(2016)将 DiscoGAN 作为场景转换模型,实现了航空影像与地面影像标注一体化训练和特征提取系统。这些研究均表明,GAN 方法对于不同域数据之间的转换,以及遥感影像解译数据源增广等方面应用前景广阔,但仍需进一步研究和优化。

1.2.2 高分辨率影像语义分割

近些年来,卷积神经网络(CNN)已被广泛应用于目标识别领域。因此,在计算机视觉与遥感领域中,大量的语义分割特征都是通过 CNN 来获取。依据语义分割方法所使用的层级信息,高分辨率影像语义分割层次认知主要包括像素级、目标辅助级和场景约束级三个层次的认知模型。

1. 像素级语义分割

对于像素级的语义分割,其特点是在已有的影像分类网络(如 AlexNet、VGGNet、Google InceptionNet、ResNet 等)中融入多种策略来提升语义分割精度。对于目标像素级语义分割(Dai et al.,2016;Gupta et al.,2014;Hariharan et al.,2014)而言,每一个语义目标均由区域卷积神经网络特征精化得到。更进一步地,Mostajabi 等(2015)以及 Dai 等(2015)通过超像素分割片段来保持目标的形状特征,从而得到精化后目标超像素级的实例语义分割信息。与这些实例语义分割方法不同的是,Farabet 等(2013)将整张影像作为训练集,并且通过融入多尺度策略来预测每个像素所属的类别。以 CNN 为代表的突破性语义分割方法,是由 Shelhamer 等(2015)所提出的全卷积神经网络(FCNs),该方法将传统的影像分类网络转化为全卷积神经网络,其中标准网络中的全连接层(fully connected layer)被转换成具有更大感受野的全卷积层(fully convolutional layer)。Yu 等(2015)进一步提出一种扩张模式(dilated module),并将其应用于 FCNs 的卷积层,该方法并没有采用分类网络中的"卷积-池化"模式,取而代之的是在卷积层采用"扩张矩形"来保持感受野。Chen 等

(2016)在 DeepLab 中提出了类似的方法,他们将这种模式称为"孔洞"模型(hole algorithm),这使得在图形显卡单元(GPU)上可以快速实现该算法。Zhao 等(2017)在 DeepLab 的基础上,提出了一种金字塔池化结构网络 PSPNet,用于解决上采样过程中影像空间上下文信息融合问题。Lin 等(2017)将 ResNet 作为基准网络,对原始影像做降采样处理,使用多路径、多分辨率表征的方法构建 RefineNet,获取影像的语义分割信息。近期,Bearman 等(2016)采用一种"点标注"的形式来实现语义分割任务,创造性地解决了语义分割训练集标注量大、成本高与精度之间的矛盾。Luc 等(2016)提出将语义分割与生成式对抗网络(GAN)相结合,进而提升语义分割精度。在遥感领域,Camps-Valls 和 Romero 等(2016)提出使用贪婪算法来进行非监督预训练,获得遥感影像的稀疏特征。Tschannen 等(2017)引入了一种结构化 CNNs 模型,采用 Haar 小波构成树模型来判定遥感影像上每一个像素的语义信息。Piramanayagam 等(2016)使用多路径 CNN 的方法,将正射影像和数字表面模型作为训练样本,获取地表覆盖物分类信息。Marcu 等(2016)提出一种双路径模型,即网络中使用 VGG 网络和 AlexNet 网络来构成双路径,分别学习航空影像局部和全局最优结构的表征方法。这些方法都是由 FCNs 模型演变而来,并且融入了不同的策略,比如多尺度金字塔池化、扩张卷积、多路径表征以及对称结构等。这些策略均能有效地提升 CNN 内部结构的稳定性。然而,这些网络仍然需要合适的预训练模型或者其他辅助性信息,而且缺少上下文信息。

作为 FCNs 的一种特殊扩展结构,对称编码/解码结构被很多方法所采用,原因在于对称结构能更好地刻画上采样后的输出。Kendall(2015)和 Badrinarayanan 等(2017)提出一种像素级别语义分割的框架结构——SegNet,这种结构的编码层与 VGG-16 网络的卷积层相对应,解码层将编码层的输出特征按照对称结构映射到与原始影像具有相同分辨率的特征图上,从而获取影像的语义分割信息。Hyeonwoo 等(2015)提出了相类似的框架结构 DeconvNet(反卷积网络),该网络由卷积层和上采样层组成,因此能突破现有基于 FCNs 结构的限制,并且在多尺度空间中获取目标的语义信息。在遥感影像处理方面,也采纳使用类似的对称结构。Audebert 等(2017)尝试了将对称编码/解码结构用于航空影像上车辆的检测、分割和分类任务。Huang 等(2016)提出将两个对称编码/解码结构应用于 RGB 和 NRG 正射影像语义分割任务的微调(fine-tune)。Audebert 等(2016)将 SegNet 和 SVM 相结合用于影像的几何校正,生成正射影像。这些对称的结构能在一定程度上克服由于上采样阶段(uppooling)所造成的精度损失,但是随着层数的增加,这些方法很可能受到 GPU 显存限制,并且没有融入更多的空间上下文信息。

为了解决上述问题,很多方法在 CNN 结构中融入离散条件随机场(CRF)模型。CRF 模型是一种很有效的优化模型,可以进一步提升语义分割结果精度。通过融入更多的空间上下文信息,初始语义分割片段能预测出其与邻接像素之间的关系。Chen 等(2014)首次提出了基于CNNs的CRF(Koltun，2013；Krähenbühl et al.，2011)后处理模型，该模型将CRF用于CNN框架语义分割结果的后处理，通过融入空间上下文信息得到更精确的语义分割目标。为了更好地利用上下文线索，Lin等(2015)在CRF框架中，使用了"块-块"(patch-patch)以及"块-背景"(patch-background)两种上下文信息模式来提升语义分割精度。由于CNN本身是一种"端对端"(end-to-end)的处理模式，将CRF作为后处理并不能很好地利用"端对端"的特点，Zheng等(2015)引入了CRF均值域估计的模式，提出CNN-CRF模型，实现了CRF在语义分割时"端对端"的处理。Vemulapalli等(2016)和Chandra等(2016)提出将高斯条件随机场(G-CRF)引入到语义分割的结构性预测上，通过改变高斯模型的能量项，可以使空间上下文信息得到进一步增强。在一些文献(Paisitkriangkrai et al.，2015)中，有人把CNN特征与人工特征相结合，并应用于遥感影像解译。Alam等(2016)在CRF后处理框架中，引入了超像素分割方法，获取遥感影像超像素级的结构化语义特征。Sherrah等(2015)验证了在CNN中融入CRF后处理方法的有效性，并且分析了室内/室外影像与遥感影像在融入空间上下文信息时的不同之处。然而，这些采用CRF的方法只是将CRF作为一种后处理模式，或者以"端对端"的方式融入了CRF，但仅仅使用了均值域近似的方法做处理，无法保证全局最优性。

刘丹等(2017)采用超像素作为处理单元，使用多分辨率处理的方法，对自然影像做逐像素语义标注，该方法虽然能使用影像降采样后的多尺度信息，但其并未使用超像素之间的邻接关系对空间上下文信息做处理，因此并没有很好地利用到超像素简化的空间特性。徐风尧等(2018)提出将递归神经网络(recurrent neural network，RNN)结构纳入FCN网络中，形成t-LSTM网络以及s-LSTM网络，从而在语义分割效果和计算时间方面综合达到最佳，便于帮助移动机器人在室内环境下自主行走。王海等(2017)提出一种基于CNN和自编码器的场景自适应道路分割算法，通过将传统特征抽取和分析与CNN网络结合的方式，获取最佳的道路语义信息。巴桑等(2011)在对数据进行归一化的基础上，将概率神经网络应用于遥感影像分类，并探讨了样本区的选择和高斯基函数标准差对分类精度的影响。杨艳青等(2017)采用人工神经网络(artificial neural network，ANN)对地表覆盖进行信息提取，并对ANN方法的误差传递函数选取进行了改进，该方法能有效提高分类精度，但所涉及的类别较少，模型适应性仍有待提升。曹林林等(2016)使用CNN网络对高分辨率遥感影像分类精度做了分析，证明了CNN网络在遥感影像分类中的可行性和精度优势。刘大伟等(2016)针对高空间分辨率遥感影像提出了基于深度学习的分类方法，通过非下采样轮廓波变换计算影像纹理特征，通过深度置信网络(DBN)对影像进行光谱-纹理特征分类，虽然该方法能提升分类精度，但影像纹理特征提取本身就需要很大的计算量，并且没有充分利用深度网络自身空间上下文约束信息。

2. 目标辅助级语义分割

近些年来，由于深度卷积神经网络"端对端"特征提取方法的出现，目标检测领域已经取得了明显进展，这些目标提取方法是辅助提升语义分割性能的良好策略（Dai et al.，2015）。Girshick 等（2014）提出对每一个提取出的候选区域（object proposal）使用 CNN 计算卷积特征（RCNN），然后采用独立训练的 SVM 或者 softmax 作为分类器对候选区域进行分类。为了使卷积网络中的池化窗口可以依据输入影像大小进行自适应改变，He 等（2015）提出使用金字塔池化的策略，即 SPPNet，对每一张影像做多个区域的池化，减少了 RCNN 网络中对搜索窗口卷积操作的次数。进一步地，Girshick 等（2015）提出将外包矩形优化的过程融入神经网络，与区域分类任务构成了多任务目标检测模型。Ren 等（2017）提出将候选区域生成、外包矩形优化和分类识别任务归入一个框架（Faster R-CNN）中，子网络构成区域卷积网络（region convolution networks），以"端对端"的方式替代了候选区域预生成的过程。Cai 等（2016）使用多尺度的卷积层对目标进行检测，不同尺度输出层的检测器互补构成更强的检测器，克服了 RPN 在固定特征图上生成可变目标尺寸和固定感受野不一致的问题。为了提升目标检测的速度，Redmon 等（2016）设计了一种名为 YOLO 的目标检测框架，每秒钟能实时检测 45 帧的影像。Liu 等（2016）提出了 SSD 检测方法，该方法能在目标检测速度和精度之间得到很好的均衡，SSD 网络训练时只需要输入影像和相应目标的外接矩形，通过在特征图上使用较小的卷积核来预测外接矩形的偏移量，获取更精确的目标外接矩形位置信息。Wang 等（2017）提出了一种对目标遮挡和变形都具有不变性的目标检测网络，通过引入对抗网络，生成具有遮挡和变形的样例，进而提升目标检测的精度。对于高分辨率遥感影像，Ammour 等（2017）提出一种无人机影像上车辆目标检测和数量统计的方法，首先将输入影像分为若干个一致区域，然后每个区域以滑动窗口的形式对类别进行判定，最后使用形态学扩张的方式，对监测区域的孔洞进行填补，从而获取更精细的目标信息。Sommer 等（2017）借鉴 Faster R-CNN 网络框架，将卷积层的数据大小设置为适应小目标尺寸大小，进而提升了 Faster R-CNN 对高分辨率遥感影像小目标检测的精度。Cheng 等（2016）提出了一种旋转不变 CNN 模型，并将其应用于高分辨率遥感影像目标检测方面，通过增加目标旋转操作的不变性约束，使目标检测精度得到很大提升。Han 等（2015）将半监督学习与高层特征学习相结合，通过将目标显著性、类内一致性以及类间分离性相结合，仅使用较少的训练样本，就能有效提升目标检测精度。Chen 等（2017）将 CNN 网络最后的卷积层以及最大池化层（max-pooling layer）划分为多个不同感受野的最大池化层，从而提取出不同感受野下的特征，该方法能显著提升高分辨率遥感影像上车辆检测的精度。Vakalopoulou 等（2015）使用监督分类的方法获取深度卷积网络提取的目标特征信息，通过马尔可夫随机场（Markov Random Field，MRF）优化，得到高分辨率遥感影像上检测建筑物的最优化目标。

通用的卷积神经网络目标检测框架，虽然能以外接矩形的形式确定目标在影像上的位置，但对于高分辨率影像，特别是遥感影像上的特定目标（如道路、房屋、船舶、飞机等），方向性是这些目标的重要特征。通过目标的方向性，能更精细地刻画出目标的状态。设计时主要针对两个方面：一方面是如何设计旋转不变性网络，使目标具有对旋转的等价性；另一方面是估计出目标的主方向性，使之符合视觉系统层次认知中回路的方向性选择。

对于目标旋转的等价性，现有的卷积神经网络已经能对影像平移、尺度变化进行不变性处理，但对于目标的旋转不变性，并不能得到等价替换（Worrall et al.，2017）。通过数据一致性处理，在一定程度上能够消除样本数据集的光照、纹理等差异性，但对由于旋转造成的目标特征不一致性问题仍无能为力。使用数据增强（data augmentation）的方式对训练数据做旋转或平移，虽然能对场景级的目标识别有促进作用，但对像素级和目标级的分割或者检测任务，仍不能获得很好的促进效果。Laptev 等（2016）在 CNN 网络基础上，融入平移不变的池化操作（TI-Pooling），通过多示例学习和权值共享操作来寻找训练数据中最优的示例（canonical instance）。Bruna 等（2013）和 Sifre 等（2013）采用小波扩散的方法来表示网络的平移不变性特征，其定义了两层网络，第一层用于输出和 SIFT 类似的描述算子，第二层用于补充分类的不变性信息。对于平移不变性，最具代表性的方法是空间变换网络（STN），STN 可以学习到目标仿射变换的参数（Jaderberg et al.，2015），估计出变换矩阵，但对于 CNN 网络精确求解转换参数的问题仍未解决（Marcos et al.，2017；Zhou et al.，2017）。Cohen 等（2016）提出一种群等价卷积神经网络（G-CNNs），G-CNNs 方法对原有的卷积核做不同方向上的对称变换，通过不同方向上卷积核的组合来实现变换的等价性，但要产生不同方向上的卷积核并且做等价变换，仍需要很大的计算量。Li 等（2017）采用与 G-CNNs 类似的方法，将旋转卷积层的网络分解为环绕层（cycle layer）、等分原子层（isotonic layer）与去环绕层（decycle layer）的组合，实现了卷积操作旋转不变性的等价变换。Jacobsen 等（2016）将 CNN 网络中的卷积核视为有限多个不同高斯基函数的组合，与扩散网络（scattering network）（Bruna et al.，2013）有相近的思想，但不同之处在于从基底中学习到的是一系列有效的滤波器，而不是针对滤波器的建模。Worrall 等（2017）将 CNN 中的矩形卷积核替换为圆形的调和卷积核，对 360°方向内均做方向性建模处理，使得各个方向对于旋转变换均有响应。Zhou 等（2017）受到 SIFT 算子的启发，提出了主动旋转滤波器（ARFs）并将其融入 CNN 中得到方向响应网络（ORN），首先对卷积核的坐标进行旋转，然后对旋转后的数据点，在格网范围内，对不同方向再次做旋转处理，生成新的方向性特征。ORN 方法虽然能对不同方向上的卷积核进行描述，但具体实施时，只适用于卷积核尺寸较小的情况，限制了神经网络的感受野。Luan 等（2017）将卷积神经网络中的卷积核用Gabor小波替换,用于表征不同方向上的响应值,这种表征方式能将卷积核的方向性凸显出来且易于实现,但无法刻画Gabor小波各个方向上的重要性程度。早期的李斌等(1993)将不变性矩与神经网络相结合,使得文本识别不仅具有位移旋转不变性能,而且有较好的容错性。熊毅之等(1997)提出了一种平移、旋转以及尺度不变光学神经网络识别系统方案,该系统分为预处理层和联想记忆层两层,能处理神经网络浅层次的不变性特征。常胜江等(1998)提出了一种适于光学实现的神经网络模型和算法,该方法可以对多目标转动具有很好的识别能力。薛昆南等(2016)针对CNN全连接层对图像旋转、平移、放缩等问题,提出了一种混合模型(BoW)——卷积词袋网络,将模型嵌入到CNN结构中,通过"端对端"的方式学习特征,但该方法仍会给原有的卷积层带来额外的计算,造成GPU利用瓶颈问题。

另外,针对旋转目标的主方向性估计,Braun等(2016)设计了一种针对旋转目标方向的Von Mises损失函数,将主方向划分为8个可能方向,进而通过多任务学习的方法,在检测目标的同时,估计出目标的主方向。Zhang等(2016)提出一种针对文字的CNN目标检测方法,通过部件投影(component projection)的后处理方式得到目标的主方向信息。Shi等(2017)采用局部文字目标连接的方式,估计出多个目标的方向性,但该方法不适用于遥感影像等大型目标检测的方向性估计。宋焕生等(2018)使用Faster R-CNN目标检测框架,将场景中的目标检测问题转换为二分类问题,显著提升了车辆目标检测精度。刘志浩等(2016)基于YOLO目标检测框架,对复杂环境下的电线杆实现了准确度的识别。芮挺等(2016)构建了多层卷积神经网络,系统分析了卷积神经网络中各种参数设置对行人识别效果的影响。高常鑫等(2014)提出一种估计目标语义表征和空间上下文的分层深度学习模型,通过对海量高分辨率遥感数据中典型目标的检测和识别,验证了方法的有效性。上述方法均对高分辨率影像中的目标以外包矩形的形式做检测,但在CNN中以"端对端"的方式对目标的方向性进行估计,目前仍需进一步研究。

在一些公开的自然影像数据集上,上述的基于外包矩形目标检测方式已经达到95%甚至更高的检测精度,为使用这些方法辅助优化语义分割结果奠定了基础。Dai等(2015)团队研究了自然影像中外包矩形辅助语义分割的方法,结果表明,使用外包矩形辅助方法能显著提升语义分割的精度。随后,该团队使用多任务学习的方法,针对影像中的单个实例进行了有效的分割,为实例分割(instance segmentation)提供了新的思路(Dai et al., 2016)。更进一步地,He等(2017)提出了Mask R-CNN框架,该框架很好地整合了目标检测与语义分割方法,通过在Faster R-CNN框架中添加一个掩膜(mask)预测分支来系统地提升实例分割精度,在MS-COCO数据集上取得了冠军。然而,对于遥感影像某些特定类别(如建筑物)检测而言,Mask R-CNN方法并未取得最优结果。此外,对于遥感影像上具有方向性聚集的目标示例,Mask R-CNN框架也缺少方向性融合的机制。

3. 场景约束级语义分割

在影像语义分割过程中融入场景信息约束，有助于提升语义分割的可靠性，通过大范围整合优化场景信息，抑制无关场景信息干扰。语义分割的场景信息主要来源于两个方面：一方面是来自原始影像或者影像块的场景类别信息（Chen et al., 2016）；另一方面来自 DCNN 不同层特征信息的组合（Pinheiro et al., 2016; Liu et al., 2015）。对于前者而言，场景类别的约束性信息主要来源于对影像逐像素标签中各个类别所占比例的统计，将占据主导比例地位的类别信息作为语义分割的场景约束信息。Papandreou 等（2015）将影像级的标注信息作为场景先验约束，通过期望最大（EM）迭代的方法，获取弱监督条件下的最优语义分割结果。进一步地，Liang 等（2016）提出一种"局部-全局"长短期记忆网络（LSTM）用于多层次的场景信息融合，从而得到细粒度像素级的识别信息。为了融合局部检测目标信息与全局场景信息，Mottaghi 等（2014）设计了一种可变局部模型，实验结果表明，使用场景信息能有效提升各个尺度下的目标检测精度。对于后者方法，主要是通过网络结构的合理设计来提升不同层次下特征信息的整合程度，但这可能导致网络结构设计越来越复杂和庞大，使昂贵的 GPU 计算资源成为限制语义分割性能提升的瓶颈。SharpMask 网络（Pinheiro et al., 2016）引入了一种渐进式优化的方法，通过在自上而下的框架中将上一层的特征整合至当前层，构成"跨越-连接"（skip-connection）结构，实现了不同层次场景约束下特征的整合。Zhang 等（2015）以标签内部关系、超像素级以及场景级约束下影像各级特征为根基，得到社交网络影像在弱监督情况下的语义标注。Ronneberger 等（2015）以网络底层和高层场景特征信息之间的关联作为结构约束，提出 U-Net 的语义分割方式，合理地整合了浅层与深层特征场景信息，并成功应用于生物医学影像分割。上述场景级约束信息被很好地应用于自然影像的语义分割任务中，但对于大幅的遥感影像如何融合场景信息，仍具有很大的挑战性。

余森等（2016）系统研究了高阶能量项刻画语义分割中的场景信息方法，通过添加辅助变量，有效地保证了场景的一致性信息。李林等（2014）研究了基于概率图模型的图像整体场景理解的各方面因素，但尚未整合场景理解中各个相互影响和制约因素。有研究者（李青等，2017）以超像素为节点构建条件随机场模型，并融入目标检测与显著度检测方法，实现多个对象的分割。该方法虽然对场景信息抽取有一定的效果，但由于超像素分割与显著度检测问题本身就存在多种度量性问题，因此不易整合至同一个框架下。对于高分辨率遥感影像场景而言，刘杨等（2015）仿照大脑感知场景的模式，构建了 MNCC 模型，并将其应用于遥感影像场景理解方面，该方法为设计语义分割的场景约束模型提供了借鉴。谢榕等（2017）针对遥感卫星场景，提出构建大规模知识图谱框架，用于遥感知识空间语义模型构建。进一步地，何小飞等（2016）在卷积神经网络中引入对遥感影像场景的显著性分析，联合多层特征使用 SVM 作为分类器进行分类处理，该方法虽然能降低数据冗余度，但使用 SVM 分类的方法没有最大限度发挥卷积神经网络"端对端"特征分类的特性。

1.2.3 专题要素提取与交互式分割

1. 线状地物要素提取

传统道路提取方法主要利用道路低层次和中层次特征构建道路模型。低层次特征指影像底层特征，主要包括道路对比度特征、边缘特征、纹理特征、对称性等。中层次特征指道路的连通性和拓扑特征。例如，对于道路分割任务，Gruen 等（2017）利用几何相关性评价模板与物体轮廓之间的关系，分割出影像中的道路。Ghule 等（2015）依据颜色和纹理信息进行特征提取，采用支持向量机分类器将图像分为道路类和非道路类。Li 等（2018）采用超像素分割、特征描述、同质区域合并、高斯混合模型聚类以及错误剔除五个步骤完成道路分割。Grote 等（2009）提出一种基于知识判别的面状道路提取算法，得到完整的道路分割结果。林鹏等（2016）采用面向对象的方法，利用光谱特征、形状特征等信息对城镇区域的道路进行提取。Amo 等（2006）提出一种用户交互的基于区域增长与区域合并的道路提取算法，对初始点进行区域增长得到粗糙的道路，在区域竞争中逐步恢复道路细节信息。Maboudi 等（2017）将基于对象的启发信息嵌入到蚁群算法中，并提出一种新的对象空间邻域的定义方法，从而对道路特征进行建模。Xia 等（2017）提出了基于深度卷积网络的道路提取方法，对不同类型的道路使用弱监督标签，采用 DeepLab 构建深度学习模式，由深层次的 ResNet 网络对标签进行训练测试，最后由完全连接的条件随机场恢复边界信息。Zhang 等（2018）提出一种结合残差学习和 U-Net 的语义分割神经网络 ResUnet 提取道路，利用深度网络中丰富的跨越连接单元促进信息的传播，但对于特殊道路易产生漏检情况。Zhou 等（2018）提出一种基于语义分割的神经网络 D-LinkNet，采用编码器结构、扩张卷积进行道路提取，该方法仍旧存在错误识别以及道路连接性的问题。Bastani 等提出一种基于 CNN 引导的决策函数迭代搜索方法，直接从 CNN 输出精确道路。Zhang 等（2018）比较两种卷积网络的模型训练方式，融合两种模型的结果提高道路提取精度，该方法虽然考虑了多源数据的影响，但由于提取特征种类较少，道路与相似地物易产生错分误分，导致后续工作量增加。对于道路中心线提取任务，Vale 等（2004）以动态规划作为确认种子点之间最优路径的计算工具，增加了道路边缘特征的约束条件，使动态规划适用于道路中心线提取。Hu 和 Tao（2007）提出基于知觉组织的分层分组策略，用于卫星影像主干道中心线提取。Miao 等（2014）首先利用测地线法连接种子点得到初始粗糙路段，然后生成道路概率图，将影像分为道路类和非道路类，最后利用生成的核密度估计图获取道路中心线。

Huang 等(2009)融合多尺度道路的光谱特征与结构特征,提出基于支持向量机的道路中心线提取算法。Shi 等(2014)采用结合光谱空间分类、局部 Geary 相关、形状特征、局部加权回归和张量投票的框架提取城区道路中心线。曹帆之等(2016)采用一种稳健的相似性测度,设计了均值漂移的道路中心点匹配算法,然后利用卡尔曼滤波实现道路中心线追踪。Sujatha 和 Selvathi(2015)基于组件连接技术开展道路中心线提取研究,通过道路分割、连接道路区域和去除非道路像素得到道路的中心线。Cheng 等(2017)提出了级联卷积神经网络(CasNet)的道路提取方法,将道路分割网络与中心线提取网络级联至一个框架,由形态学稀疏算法得到平滑完整的道路中心线。Wei 等(2018)利用深度卷积神经网络预测各像素为道路中心线的置信度,然后采用非极大值抑制提取道路中心线,采用道路追踪策略构建道路网,该方法可以得到道路的拓扑结构,但仍未解决阴影、遮挡引起的道路断裂问题。Mattyus 等(2017)利用深度学习方法对影像进行初步分割,提出道路拓扑连接损失的解决方法,得到具有拓扑关系的道路中心线。Costea 和 Leordeanu(2016)训练结合局部外观信息的 VGG-Net 与上下文推理的 AlexNet,构成两个路径的双流 LG-Net,以此完成道路中心线提取任务。Bastani(2018)提出了 RoadTracer,一种基于卷积神经网络(CNN)的道路迭代追踪方法,该方法利用 CNN 去拟合一个决策函数,预测下一步的道路追踪方向。Ventura(2016)提出利用卷积神经网络预测位于影像中心的道路节点与邻近节点的连接性,通过迭代式连接每一个节点与它的邻接节点来构建道路网。Zhou 等(2018)在 LinkNet 的基础上提出了 DLinkNet,相比 LinkNet 增加了空洞卷积模块,提升了网络模型的感受野,能够捕捉到更多的场景信息,取得 2018 年 DeepGlobe 道路提取挑战赛第一名的成绩。虽然中低分辨率影像中对比度明显、无明显遮挡的郊区道路,已经有不少成熟的提取算法,但是密集城区内的道路结构错综复杂,颜色与形状复杂多变,道路附近的地物多种多样,同物异谱和同谱异物现象严重,而且道路极容易被车辆、树木、高楼阴影遮挡,这些干扰因素使得城区道路的自动提取变得更加困难。

2. 面状地物要素提取

传统的面状要素提取方法与影像解译过程类似,通过特征抽取、特征融合及选择,以及特征分类,综合利用影像的光谱、几何、纹理特征,或者以其他专家知识和经验指数,提取覆盖范围较大多边形(面状)结构目标。Pesaresi 等(2009,2011)使用灰度共生纹理特征,提出纹理引导的建成区指数(PanTex),识别连片房屋区域。例如,Huang 等(2012)通过剖面差分构建建筑物指数(MBI)完成建筑物自动提取;Qiao 等(2012)提出一种基于归一化差分水体指数(normalized difference water index,NDWI),自适应地从遥感影像中提取水体;Zhang 等(2014)引入一种基于熵的多源遥感影像水体提取方法,该方法仅需假设影像中的水体为平滑区域即可鲁棒提取大面积水体。近年来,以 DCNN 为代表的端到端特征提取方法，通过大量数据驱动，极大程度地促进了面状地物的分割。基于 DCNN 的面状的地物要素的提取通常会被转换为二值分类问题：前景为待提取的面状地物，其余地物为背景。利用合理的损失函数、多尺度感受野等网络结构设计方法，抽取可描述前景地物的特征。例如，Bittner 等(2017)基于全卷积网络，使用 DSM 深度信息辅助提取建筑物二值标注；Yang 等(2018)利用美国橡树岭国家实验室提供的大尺度数据，基于 DCNN 自动化提取美国全域的建筑物，其处理效率可达 $56km^2/min$；Zhao 等(2018)以 Mask-RCNN 框架为基准，融合建筑物边缘信息调整检测建筑物的轮廓边界；Wen 等(2019)在建筑物检测时加入带方向的包围框，可处理建筑物周围冗余像素，以获取更精确边界；Shakeel 等(2019)提出建筑区统计的 FusionNet，用于预测建筑区热点；Zhu 等(2019)提出一种多路径网络 MAP-Net，其可精确预测建筑物边缘；Nauata 等(2019，2020)使用线性规划后处理方法，融合"顶点-边缘""区域-区域"关系，重建建筑屋顶顶点拓扑结构。对于城市水体，Chen 等(2018)基于 CNN 框架，将水体提取视为二值分类问题，将超像素划分为水体/非水体区域；Chaudhary 等(2019)将社交媒体影像与 Mask-RCNN 框架结合，得到较高精度的城市水体预测结果；Wang 等(2020)成功将基于 DenseNet 结构的方法用于鄱阳湖水体识别。在面状地物要素提取方面，基于 CNN 二值预测的方法，已经能较好地应对内部分布较为均一的目标，并通过后处理得到区域的边界矢量，但并不能"一步到位"由影像直接产生可接近成图入库的矢量。

3. 目标交互式分割

传统方法依照数学模型和影像特征可分为基于边界的方法和基于区域的方法。基于边界的方法以图像中目标边界为基础，要求用户指定边界大概位置或少量关键点，然后考虑边界强度和连续性等特征，跟踪出平滑可靠的边界。Snake 算法(Shah，1992；Kass，1988)和智能剪刀(Scissors et al.，1995)是基于边界的方法中的两种基本算法。Snake 算法通过最小化定义在该轮廓上的能量函数，使轮廓动态地演化至目标实际边界；Intelligent Scissors 算法根据用户通过光标指定的目标边界关键点位置，利用动态规划算法实时跟踪出关键点之间的目标边界，不需要逐像素跟踪，其实时性保证了用户可以随时调整关键点位置。基于区域的交互式提取方法，仅需在目标或背景区域粗略地指定一些种子点(线)，然后算法根据这些种子点(线)，为图像其他未分类区域计算出类别从而得到分割结果。例如，Konouchine V. 提出 GrowCut(2005)的交互分割算法，利用元胞自动机来实现区域的增长；Noma 等(2012)提出可变图方法，通过代价函数能量最优化来求解分割区域边界；Gao 等(2014)将贝叶斯分类器集成到随机游走优化框架下，实现了影像的交互式分割；Grady 等(2008)通过计算拉普拉斯加权矩阵的特征向量实现分割区域的估计；Chan 和 Vese 对 Mumford-Shah 模型进行简化并提出了活动轮廓模型——Chan-Vese 模型(2001)，使用水平集方法主动获取目标轮廓；以条件随机场（CRF）为代表的后验概率模型，可通过用户标记前背景估算马尔可夫随机场（MRF）参数，迭代求解分割前景最优参数。在国内，早在2000年张煜等就提出了把几何约束和影像分割相结合的直角平顶房屋半自动提取方法。张祖勋等（2001）提出了一种基于物方空间几何约束最小二乘匹配的建筑物半自动提取方法，用户指定房屋初始位置，经算法处理最终得到建筑物边缘和物方几何模型的最优匹配。胡翔云等（2002）利用人工指定的两个初始点，通过最小二乘模板匹配来提取两点间的线状地物。杨云等（2007）提出了一种基于活动窗口线段特征匹配来提取道路中心线的半自动方法，张睿等（2008）提出了一种基于角度纹理特征及剖面匹配相结合的高分辨率遥感影像带状道路半自动提取方法。近年来，基于DCNN的交互式提取方法也受到了国内外学者的广泛关注。Xu等（2016，2017）提出了基于全卷积网络的交互式目标提取方法，通过模拟用户交互点击的正负样本距离图，分割出影像中的待提取目标；Li等（2018）利用分割目标的隐含差异性（latent diversity），获取用户感兴趣交互区域；Maninis等（2018）使用以极值点为中心生成高斯距离图，构建了极值点目标分割框架 Deep Extreme Cut；Jang等（2019）在基础特征提取网络 DenseNet 基础上，以正负样本"点"形式，用反向传播精化交互参数；Wang等（2019）以极值点为中心，采用端到端水平集演化方式，学习水平集能量优化更新参数，进而得到目标轮廓；Cheng等（2019）提出 DARNet，同样在 CNN 结构中采用主动轮廓优化模型分割出遥感影像建筑物目标；Agustsson等（2019）利用极值点生成候选区域，将多个类别候选区域结合起来完成影像的交互提取与自动笔画修正。在模拟交互式信息方面，Majumder等（2019）将超像素距离图、初始距离图、目标中心距离图等与原影像融合作为 CNN 网络输入，共同预测交互提取目标；Castrejon等（2017）采用循环递归网络（RNN）结构模拟多边形轮廓（Polygon-RNN），通过预测目标顶点坐标得到分割目标；多伦多大学Acuna等（2018）进一步提出 Polygon-RNN++框架，融入注意力机制与评估网络，共同预测最佳候选多边形；Ling等（2019）提出了比 Polygon-RNN++更为高效的"人机回环"（human-in-the-loop）框架 Curve-GCN，使用图卷积网络（GCN）同时预测边界上每个顶点的演变方向，最终得到目标轮廓。Lin等（2020）提出"首次点击"注意力引导机制的图像交互式分割方法，通过融合正负点击距离图与首次点击的高斯距离图，分割出待提取目标；在实例对象交互式分割方面，Peng等（2020）用圆形卷积优化初始轮廓，预测轮廓点位置偏移，从而捕获实例边界。这些以数据驱动的人机交互提取方法，为遥感影像半自动交互式处理提供可借鉴途径，通过自动/半自动结合，可以有效减少矢量成图过程的人工干预。

1.2.4 高分辨率影像变化检测

传统的遥感影像变化检测方法，依据变化检测的处理粒度，可以分为像素级、对象

(目标级)级和场景级变化检测方法。像素级变化检测（PBCD）方法，以前后期遥感影像的对应像素为基础分析单元，通过设计的人工特征或经验指数，如 HOG、SIFT、NDVI 指数等，得到前后期影像上每一个像素的变化情况。常见的方法如影像差分（Asokan，2019；Radke，2005；Weismiller，1977）、影像投票（Du，2011；Thomas，1998）、回归分析（Luppino，2019；Salehpou，2009）等。这类方法通常依赖于经验阈值后处理，通过阈值的设定来判断前后期遥感影像像元是否变化，因此阈值的自动选取是制约该方法的主要因素。同时，像素级变化检测方法将每个像元孤立分析，并未充分顾及相邻像元之间的空间约束关系。对象级变化检测（OBCD）方法，以遥感影像上处理的实例对象为处理单元（Gong et al.，2017；Xie et al.，2015），采用面向对象的影像分析方法发现前后期影像的变化，其包含了更多遥感地物的整体信息，是一种更加有效的高空间分辨率影像变化检测分析方法。与像素级变化检测方法相比，OBCD 融合了影像的纹理、形状和空间关系，可以捕获到前后期影像中对象的空间上下文信息。OBCD 方法通常依赖于影像的分割结果，在影像分辨率较低或者目标较小的情况下，很难使前后期目标一一对应，检测出可靠的变化区域。此外，前后期影像的分割方法需要设置诸多参数，进而产生较大的过分割误差；不同尺度的前后期影像，也会分割出不同的结果，导致变化区域不易判定。场景级变化检测方法，是以前后期遥感影像高层场景语义为单元（眭海刚 等，2018），分析对应场景的语义类别是否发生变化以及发生了何种变化。以词代模型（BoW）为代表的传统遥感影像场景分析方法，是统计遥感影像地物场景特征的有效编码方式，可以用于跨越底层特征和高层场景感知信息之间的语义鸿沟。相比低层次像素级的变化分析，语义层次的变化分析能提供遥感影像大范围内的变化信息，抑制以像元为基础分析方法的无关场景干扰。

自 2012 年 ImageNet 计算机视觉分析挑战赛以来，基于深度卷积神经网络（DCNN）的方法获得了广泛研究。由于 DCNN 在特征抽取方面的优势，其在遥感影像变化检测任务中，也得到了大量研究和应用。例如，采用以孪生神经网络（siamese network）为基础，通过通道合成方式，将变化检测问题转换为语义分割网络（Daudt et al.，2018），获取变化/未变化区域的二值掩膜；或者以全卷积神经网络（FCN）结构为基础，通过降采样和上采样，获取真值标注的最优二值标记。也有一些方法，对全卷积神经网络进行改造，采用孪生网络双分支结构（Lyu et al.，2016），分别编码前后两期影像特征，再利用逐层差分特征融合并预测二值标记的方式，来预测前后期遥感影像上变化/未变化区域。在变化检测方面，按照深度学习的不同方法分，主要有：

（1）基于 DBN 模型的变化检测方法（Gong et al.，2017b；Gong et al.，2016；Zhang et al.，2016），这类方法将不同期数据进行堆叠输入 DBN 模型，以获得差异表示。随后，采用变化矢量分析（CVA）方法对上述 DBN 网络得到的差异表示进行判断，区分变化与未变化（Zhang et al.，2016），或者采用传统方法区分变化与未变化像素，并将这些变化检测结果输入到上述 DBN 网络进行微调,以获得最终的变化检测模型(Gong et al., 2017b; Gong et al., 2016)。

(2)基于堆叠 DAEs(Stacked DAEs)的变化检测方法(Liu et al., 2018),Liu 等(2018)在深度孪生卷积网络(DSCN)的基础上,针对不同源数据,提出了一种基于堆叠 DAEs 的对称卷积耦合网络(SCCN),用于检测光学和 SAR 图像之间的变化。

(3)基于二维卷积神经网络(2D-CNN)的方法(Saha et al., 2019; Wang et al., 2019; Daudt et al., 2018b; Hou et al., 2017; Zhan et al., 2017; Sakurada and Okatani, 2015b; Sakurada and Okatani, 2015a)。文献(Saha et al., 2019; Hou et al., 2017; Sakurada and Okatani, 2015a)采用预训练好的卷积神经网络(CNN)分别对不同期影像提取特征,并采用 CVA(Saha et al., 2019)、超像素分割(Sakurada and Okatani, 2015)或者低阶分解(Hou et al., 2017)来获得变化信息。此后,Zhan 等(2017)提出了一种基于暹罗网络技术的深度孪生卷积网络(DSCN),用于检测影像上具有对比损耗的变化区域。然而,该网络不是端到端的,它主要用于提取特征,通过特征距离计算和阈值分割获得最终的变化图。Daudt 等(2018)提出了三种不同结构(包括通道叠加方式 FC-EF、孪生网络提取特征后叠加 FC-Siam-conc、孪生网络提取特征并逐层差分特征融合 FC-Siam-diff)的端到端变化检测框架,并首次添加了跳连接操作实现变化检测。Wang 等(2019)提出了一种用于高光谱影像变化检测的端到端的二维卷积神经网络框架 GETNET,它采用通道叠加方式实现。

(4)基于递归神经网络的变化检测方法(Mou et al., 2019; Lyu et al., 2016)。Lyu 等(2016)使用了一种基于长短程记忆(LSTM)的端到端循环神经网络来学习土地覆盖中的可转移变化规律,以用于变化检测。Mou 等(2019)提出了一种基于孪生结构的递归卷积神经网络,用于学习联合光谱-空间-时相特征表示,以实现多光谱图像的变化检测,该方法将卷积神经网络和递归神经网络整合成了一个端到端网络。

(5)基于 GAN 模型的变化检测方法(Fang et al., 2019; Niu et al., 2019; Gong et al., 2019; Lebedev et al., 2018; Gong et al., 2017a)。Gong 等(2017)提出了一种基于 GANs 的非监督变化检测方法,该方法可以从含有噪声的输入中恢复训练数据分布。Niu 等(2019)提出了一种非监督的基于条件生成对抗网络(cGAN)的变化检测方法,以实现合成孔径雷达(SAR)和光学图像的不同源数据变化检测。Lebedev 等(2018)提出了一种基于 pix2pix 的 GAN 网络,用于实现不同季节遥感影像的自动变化检测,该方法考虑了位置偏移的影响。Gong 等(2019)提出了一种生成判别分类网络(GDCN)来实现多光谱图像变化检测,在该方法中,GDCN 由判别分类网络(DCN, MLP+ReLU+BN+Dropout+MLP+Softmax)和生成器(MLP+ReLU+BN+MLP+Tanh)组成,判别器同时采用了标记数据、未标记数据和生成对抗网络生成的伪数据这三类数据。Fang 等(2019)提出了一种基于对偶学习的孪生网络(DLSF)来实现两期高分辨率影像间的变化检测。然而,该网络训练速度慢,收敛曲线包含大量的震荡。

（6）基于全卷积网络的变化检测方法，如 FCN（Li et al.，2019），Unet（Jiang et al.，2020；Daudt et al.，2018a；Sakurada，2018），Unet++（Peng et al.，2019）等。这类方法采用编码解码方式实现端到端的变化检测，其中有通道叠加结构（Peng et al.，2019），孪生网络结构（Li et al.，2019；Sakurada，2018）和（Jiang et al.，2020），还有多种不同结构（Daudt et al.，2018a）等。

随着密集匹配、LiDAR 扫描等技术的发展，三维数据的获取变得越来越便捷，鉴于三维信息在变化检测领域相对于光谱信息更加准确可靠的优势，近年来，不少学者开始研究基于三维数据的变化检测。按照处理方法的不同，沿用 Qin（2016）对于三维变化检测的分类，主要有两类：一类是几何比较方法，另一类是几何和光谱联合分析方法。

在几何比较方面，一些学者提出了基于高差（赵莹，王小平，2015；Chaabouni-Chouayakh et al.，2010；Murakami et al.，1999）和几何分析（Lak et al.，2016；Awrangjeb，2015；Pang et al.，2014；张良，2014；Teo，Shih，2013；Voegtle，Steinle，2004；Vu et al.，2004）的方法来检测建筑物变化。这类方法的数据源通常来自激光点云数据，相比于匹配得到的点云数据，激光点云数据在准确性和可靠性方面更高。这类方法在建筑物变化检测方面实现简单，通常可以得到不错的建筑物变化检测结果。然而，由于激光点云数据的获取成本较高，通常缺乏时间合适的不同期激光点云数据，一定程度上限制了这类方法的应用。

近年来，点云数据结合影像信息的联合处理与分析显示了较好的应用前景，一些学者提出了几何与光谱联合分析的方法，这类方法的难点在于如何有效地结合几何和光谱这两种信息源到三维建筑物变化检测框架中。根据结合方式的不同，Qin 等（2016）将他们细分为后精化、直接特征融合和后分类这三种方式。在后精化方面，针对不同期航空立体像对，Jung（2004）通过比较两个数字表面模型定位变化的区域，并采用决策树分类这些区域来进行建筑物变化检测。此后，Pang 等（2018）提出了一种基于数字表面模型和原始影像的建筑物变化检测方法。在该方法中，首先采用图割优化算法提取地物变化区域，再次结合原始影像数据排除其中树木的影响，最终获得新建、增高、拆除以及降低四个建筑物变化类别。相似文献的作者还有许多，这里不一一列举（彭代锋等，2015；王云，2014；Malpica et al.，2013b；Dini et al.，2012；Grigillo et al.，2011；Hermosilla et al.，2011；Tian and Reinartz，2011；Bouziani et al.，2010；Liu et al.，2010；Matikainen et al.，2010；Knudsen and Olsen，2003）。后精化方法通常采用几何和光谱信息对上述几何比较（如 DSM 差值）得到的初始变化结果进行精化。这类后精化方法相对较为灵活有效，参数易于理解和调整。但这类方法的初始变化结果依赖于几何比较的结果，漏检测的情况在后续精化过程中无法找回。不同于层级的后精化方法，直接特征融合方法同时考虑了几何和光谱信息，通过特征融合方法实现最终的变化检测，特征融合可以在特征级也可以在决策级实现。Tian 等(2013)直接融合高程和辐射差异到一个变化矢量分析框架中,几何和辐射信息的权重由经验获得,只需调整一个单一变化指标即可得到最终的变化检测结果。此后,Tian 等(2014)采用 Dempster-Shafer 融合理论结合 DSM 高程变化和原始影像导出的 Kullback-Liebler 散度相似性度量来提取建筑物变化。Qin(2014)提出了一种基于高分辨率立体影像以及 LoD2 模型检测建筑物变化的方法,在该方法中,非监督自组织图(SOM)被用于融合 DSM 和光谱特征组成的多通道指标来实现不同类别的分类。还有研究人员采用了基于规则的分类(Lak et al., 2016;Nebiker et al., 2014;Tian et al., 2013a;Tian et al., 2011)、SVM(Tu et al., 2017;Malpica et al., 2013a;Chaabouni-Chouayakh and Reinartz, 2011)、决策树(Qin, 2014a)、图割(Du et al., 2016)和随机森林(Chen et al., 2016)等来融合多个特征以实现建筑物变化检测。这类方法同时考虑了几何和光谱信息,且算法框架易于结合其他信息源来进行变化检测。在这类方法中融合算法的参数设置非常关键,不正确的参数设置会对最终的变化检测结果造成错误。此外,考虑到不同期数据间由于拍摄时间不同,差异过大,会严重影响两个数据集之间几何和纹理的直接比较。为此,还有的学者提出了一种分类后处理的方法。Qin 等(2016 和 2017)提出了一种基于对象的多期立体影像三维建筑物变化检测方法,在该方法中,对于每一期数据,首先采用 Meanshift 进行分割获得对象,然后在特征提取后结合决策树和 SVM 进行监督分类,最后进行比较分析。在这类方法中,DSMs 通常作为一个额外的通道集合到分类或检测方法中,提出的分类方法包括 SVM、决策树等。增加三维信息可以显著提高分类和目标检测的精度,每个数据集单独建立训练数据集/规则,避免了未经校正的几何和光谱信息的直接比较,对于不同数据来源、不同获取条件(不同季节、光照等)造成的干扰更加稳健。但这类方法的变化检测结果通常取决于分类精度,单期的分类错误会累积到最后的变化检测结果中。

1.3　高分辨率遥感影像智能解译与变化检测面临的挑战

当前,遥感对地观测与地理国情普查等项目的实施,形成了时效性强、覆盖范围广、信息量丰富的海量数据。随着大数据、人工智能等技术的发展,基于深度学习的遥感影像解译与监测技术表现出了一定的优势。但在实际应用中,仍未形成与人脸识别等类似的可广泛实用化的智能系统。无论是公开的遥感影像样本库,还是深度学习模型,都不能满足高分辨率遥感影像智能解译与变化检测任务的迫切需求。

高质量遥感影像样本是智能处理的数据基础。目前公开的遥感影像样本库分类体系杂乱、空间分布零散、高精样本难获取、样本缺乏多样性。首先,支撑遥感影像解译与监测的样本,需符合统一分类标准。当前遥感影像样本库采用不同分类体系,训练的模型会出

1.3 高分辨率遥感影像智能解译与变化检测面临的挑战

现分类偏差,需要预测的类别是样本中有限的几类(闭集问题)。由于区域/全球地表环境的多样性,类别难以完备预估,不可预见类别常会出现(开集问题),再大量的样本都无法囊括所有类别,导致解译体系不能灵活扩展。其次,虽然高时空分辨率遥感影像丰富,但从全球/区域场景角度,影像的空间分布散乱。若训练区域样本不足,则会过度拟合,降低模型泛化能力(胡翔云 等,2018;Russakovsky et al.,2015)。此外由于空间范围广、政治经济情况复杂,获取全球/区域的大量可靠样本难度大,需要在保证知识产权前提下寻求多模式协同的样本标注技术支持。再次,遥感影像智能解译与监测涉及"场景-目标-像素"多层级任务,现有样本库大多是仿ImageNet模式构造,百万级的样本库限于场景和目标分类,像素级标注的样本规模仅达万级且尺寸固定、覆盖面有限,难以兼顾不同大小的目标(Lyu et al.,2020;Demir et al.,2018;Zhu et al.,2017;Hu et al.,2015)。最后,样本大多是全色或RGB彩色图像,缺少高光谱、多视角与SAR等影像,且缺乏时态属性,未充分利用多传感器、多视角成像特点,削弱了模型的稳健性。如何在标注样本有限的情况下,自动生成和模拟多类别、多样化的训练数据,以解决多层级解译模型对数据需求的问题,是一项极具挑战性的任务。一方面需要从神经网络结构层面对异源数据增广进行有效设计,以提高模型的泛化能力;另一方面,需要对生成的样本进行有效的质量评价,从而验证生成的样本在不同场景中的适应性。

在基于深度学习的遥感智能解译与变化检测模型方面,大多解译与变化检测模型由通用图像识别的深度学习模型改造而来,一般只考虑可见光波段的图像二维特征,未顾及更广泛的遥感影像时空谱特性等重要因素,难以适应遥感影像智能解译与监测的迫切需求。在模型的大范围场景感知方面,普通影像包含场景范围小,尺度有限;遥感影像受传感器、观测平台影响,分辨率各不相同,且目标和地物尺度变化极大(Xing et al.,2018),例如建筑物、水体、植被等。现有深度学习模型,缺乏应对如此大尺度变化的优化方法,因此,亟须整合由粗到精的"场景-目标-像素"多层级综合结构设计,以适应不同层级的解译任务需求。在线状与面状专题地物要素提取方面,遥感影像解译所处理的对象具有自身特性,如道路会呈现线状结构,而房屋、水体等会呈现面状结构,如何考虑这些要素的特性,设计适用于线状和面状地物专题要素提取方法,在深度学习模型中,以端到端形式提取地物矢量信息,是目前智能解译任务的难点。在解译结果成图入库方面,实际生产任务中解译结果仍会需要一定量的人工编辑,因此如何在自动语义分割结果基础上,融入高效准确且类别无关的人机交互式信息提取方法,仍然是一个难点。在变化检测模型设计方面,目前的变化区域提取方式主要以孪生神经网络为基础,通过通道合成,将变化检测问题转换为语义分割网络,获取变化/未变化区域的二值掩膜;或者对FCN进行改造,采用孪生网络双分支结构,以逐层差分预测二值标记的方式,得到前后期遥感影像上变化/未变化区域。通道合成和双分支差分融合的DCNN结构,虽然能对影像的变化特征进行逐层抽象，但其无法对变化检测网络结构中的特征实现跨层重用，同时缺乏对几何结构信息变化的抽象描述。

当今人工智能时代，以深度学习为代表的方法已成为遥感影像智能解译与变化检测的关键。要实现这一目标，需要系统性地研究样本数据、解译模型和变化检测方法。首先，应在标注样本有限的情况下，开发自动生成和模拟多类别、多样化训练数据的技术，以满足多层级解译模型的需求。其次，需要优化现有模型结构，整合由粗到精的"场景-目标-像素"多层级综合结构设计，提升模型的泛化能力和适应性。此外，应注重多传感器、多视角和高光谱数据的融合，增强模型的稳健性。在解译结果成图入库方面，深度学习模型需融入高效准确且类别无关的人机交互式信息提取方法，将有助于提高解译结果的实用性和精度。同时，在变化检测模型方面，引入密集特征复用与几何结构约束策略，增强变化检测模型的可靠性。通过这些综合改进，遥感影像智能解译与变化检测技术将更加实用化，可以进一步提升在实际生产中遥感影像自动化解译程度，提高生产效率，减少解译和变化检测过程中的人工干预。

1.4 本书的研究内容

围绕高分辨率遥感影像智能解译与变化检测任务，本书以"数据-像素-目标-场景"的语义分割层次认知模型为基础，研究遥感影像专题要素提取与半自动交互式分割方法，借鉴这些核心解译模型的设计方法，系统建立任务驱动的实用化变化检测模型。图1.2是本书的主要研究对象，包括遥感影像全要素语义分割、典型线状、面状地物的示例（数据源为2019年广东省地理国情普查数据），以及变化检测示例。主要研究内容有如下4个方面：

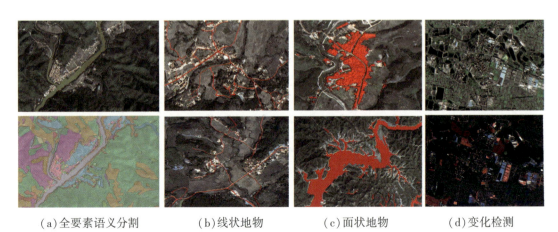

(a) 全要素语义分割　　(b) 线状地物　　(c) 面状地物　　(d) 变化检测

图1.2　本书的典型研究对象示例

(1)语义分割层次认知模型构建。研究"数据-像素-目标-场景"不同层级下语义分割模型的构建方法。具体包括：①研究影像样本数据增广方法。提出条件最小二乘生成式对抗网络(conditional latent space generative adversarial networks，CLS-GAN)损失函数和结构设计方法，探究CLS-GAN作为语义分割数据增广的可靠性；②研究多尺度流形排序的语义分割方法，提出DMSMR结构(device-managed shingled magnetic recording，DMSMR)，该结构综合考虑DCNN感受野和先验知识融合等因素，具有无需复杂初始化就可以获取全局最优解的优势；③研究旋转不变目标检测方法，提高方向变化情况下的遥感目标检测鲁棒性；④研究场景约束条件下的语义分割方法，提出场景约束条件下场景类别与语义分割类别均衡化方法，使场景类别与语义类别之间更加均衡。

(2)遥感影像专题要素提取。以语义分割的层次认知模型为基础，构建道路、房屋、水系等线状与面状专题地物的提取方法。在线状地物(主要是道路)提取方面，提出一种基于道路显著性预测和宽度估计的遥感影像中心线和边线提取算法，通过交叉点引导获取更高质量的拓扑连接结构；在面状地物提取方面，研究注意力机制与关键点引导的面状地物(主要是房屋、水系)提取方法，探索端到端矢量成图方法的可能性。

(3)交互式遥感目标提取。针对高精度预测结果与矢量成图间的鸿沟问题，分析遥感影像半自动交互式提取方法，利用DCNN强大的特征抽取能力，提出注意力机制引导的交互式提取方法，通过"点-面"结合方式，有效克服现有自动提取方法的不足，为遥感影像到高质量的矢量成图方法供依据。

(4)几何结构约束的变化检测模型。研究基于深度学习的孪生神经网络(siamese network)及其变种结构，通过通道合成方式，将变化检测问题转换为语义分割网络，获取变化/未变化区域的二值掩膜；研究全卷积神经网络(fully convolutional networks，FCN)结构的变化/未变化区域最优二值标记结构，结合几何结构信息(如边缘结构)，逐层抽象变化特征并实现特征重用，采用孪生网络双分支结构，分别编码前后两期影像特征，再利用逐层差分特征融合并预测二值标记的方式，来预测前后期遥感影像上变化/未变化区域。相较传统方法，基于DCNN的变化检测方法在预测时，无须设定复杂的阈值，具有较好的鲁棒性。

1.5 本章小结

高分辨率遥感影像信息智能化解译与变化信息自动更新，不仅有助于地理信息数据的快速更新，而且可以被广泛应用于国土变化检测、地理国情监测、防震减灾应急处理任务中，有着巨大的经济效益和社会价值。然而，由于遥感影像的特殊性，遥感影像解译与变化检测还面临着诸多挑战和关键技术突破问题。本章主要介绍了高分辨率遥感影像智能解译与变化检测方法，对多源数据增广、语义分割、专题要素提取与交互式分割，以及遥感影像变化检测等内容，系统回顾了传统方法与基于 DCNN 方法的特点和国内外现状，指出了现有研究面临的挑战，同时介绍了本书主要研究内容。

第2章　高分辨率遥感影像语义分割层次认知模型

2.1　引　言

人类视觉系统在认知事物时呈现出显著的层次特性。受此启发，本章主要介绍高分辨率遥感影像语义分割的层次认知模型。通过"数据-像素-目标-场景"这一不同层次的信息表征方式，致力于获取各层级下语义分割的最优映射模型。本章首先从语义分割的数据层面入手，介绍高分辨率影像样本增广方法，使数据为不同层级模型训练提供足够"燃料"；然后在语义分割模型的像素层面，介绍多尺度对偶流行排序优化的嵌入方法；接着在语义分割模型融合目标信息层面，精心讲解遥感影像旋转目标辅助提升语义分割的方法和策略；最后在场景信息层面，系统介绍语义分割网络融合大范围场景信息的方法，从而抑制无关场景的干扰。

2.2　高分辨率影像样本数据增广

基于深度卷积神经网络(DCNN)方法在影像智能化解译取得成功的原因之一，在于有足够多的已标注的样本数据供模型训练使用。对于高分辨率遥感影像语义分割任务而言，目前并没有大量公开的已标注的专业数据供分析研究。并且，由于政策限制原因，通常无法拿到庞大数量的标注数据，这使得 DCNN 的训练由于种种因素陷入了"巧妇难为无米之炊"的困境。因而在有限训练样本情况下，研究利用公众数据来增广训练样本的方法，对于实现训练样本的标注多样性，从数据源头上解决或缓解遥感影像标注问题具有重要意义。而生成式对抗网络(GAN)为代表的数据生成方式，为训练样本的增广提供了可能思路。本章针对高分辨率遥感影像数据，提出了一种条件最小二乘生成式对抗网络(CLS-GAN)模型用于数据增广。首先介绍 GAN 和条件 GAN (conditional generative adversarial network，C-GAN）的原理，以及 GAN 损失函数设计的准则，然后详细介绍本书 CLS-GAN 方法的理论和框架设计。

2.2.1 生成式对抗网络

Goodfellow 等在 NIPS 会议（Goodfellow，2016；Goodfellow et al.，2014）以及 ICCV 2017 会议上详细介绍了 GAN 的原理和应用。他们将博弈游戏中的对抗双方置于统一模型框架中，通过对抗双方相互博弈达到最优化。GAN 模型的思想源于博弈双方的 Nash 均衡（Maskin，E，2010）；博弈双方由生成器模型 G 和判别器模型 D 构成，判别器 D 用于区分输入是来自真实样本还是生成样本，而生成器 G 用于生成尽可能接近真实的样本，从而欺骗判别器 D。生成器和判别器相互博弈，直到达到 Nash 平衡。与其他直接从样本的参数化分布推导出的模型，如全可见信念网络（Frey，1998；Frey et al.，1995）、独立主成分分析（Vasilescu et al.，2005）等方法不同的是，GAN 模型生成样本的方式是并行化的，并且不需要复杂的马尔可夫链（Hinton et al.，1984）或者变分界限（Rezende et al.，2014）做约束。

GAN 基本的模型结构如图 2.1 所示，G 和 D 分别表示生成器和判别器。对于生成器 G，其输入为随机变量 z；对于判别器 D，其输入为生成器 G 所生成的数据 $G(z)$ 和真实数据 x；$G(z)$ 表示由生成器 G 所生成的接近于真实数据分布 p_{data} 的样本。这里生成器 G 的目的是使所生成的数据 $G(z)$ 在判别器 D 上的性能 $D(G(z))$ 欺骗判别器，使判别器 D 无法分辨数据源真假；判别器 D 的目的是辨别数据来源的真（来源于数据 x 的分布）或者伪（来源于生成器生成数据 $G(z)$ 的分布）。两者相互博弈对抗与迭代优化，在 D 的判别能力不再提升时，G 的性能达到最优，此时生成器 G 学习到接近真实数据的分布。

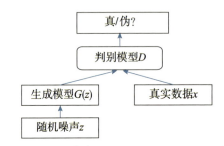

图 2.1　GAN 基本模型的结构与原理示意图

在基础 GAN 框架下，其目的是尽可能将生成样本划分为负样例，真实样本分为正样例，因此，判别器的损失函数设计为

$$\mathcal{L}_{\text{GAN}}^{D}(G, D) = -\mathbb{E}_{x \sim p_d(x)}[\log D(x)] - \mathbb{E}_{z \sim p_z(z)}[\log(1 - D(G(z)))], \qquad (2\text{-}1)$$

式中，$p_d(x)$ 为真实样例的分布；$p_z(z)$ 为生成器产生的样例的分布；真实数据 x 分布服从

$p_d(x)$；随机变量 z 分布服从先验分布 $p_z(z)$；$\mathbb{E}[\cdot]$ 为变量的期望值。

式(2-1)定义的损失函数由两部分组成：$\mathbb{E}_{x \sim p_d(x)}[\log D(x)]$ 目的是使得来自真实数据的分布期望尽量最大化；$\mathbb{E}_{z \sim p_z(z)}[\log(1-D(G(z)))]$ 目的是抑制生成数据，使得生成数据的对抗方尽量最大化。另外，对于生成器，简化版本的损失函数设计，就是所谓的"零和博弈"：

$$\mathcal{L}_{\text{GAN}}^G(G,D) + \mathcal{L}_{\text{GAN}}^D(G,D) = 0 \tag{2-2}$$

式中，$\mathcal{L}_{\text{GAN}}^G(G,D)$ 表示生成器的损失函数。

由于生成器的损失函数 $\mathcal{L}_{\text{GAN}}^G(G,D)$ 与判别器的损失函数 $\mathcal{L}_{\text{GAN}}^D(G,D)$ 直接相关联，因此，整个"零和博弈"的代价函数就可以用判别器的代价来描述：

$$f(G,D) = -\mathcal{L}_{\text{GAN}}^D(G,D). \tag{2-3}$$

相应地，GAN 的目标函数可以用"零和博弈"中极小—极大值规则来表示：

$$\min_G \max_D f(G,D) = \min_G \max_D \mathbb{E}_{x \sim p_d(x)}[\log D(x)] - \mathbb{E}_{z \sim p_z(z)}[\log(1-D(G(z)))] \tag{2-4}$$

对于式(2-4)的目标函数，通常采用交替优化的方法：首先固定生成器 G，使判别器 D 准确率最大化；然后固定判别器 D，优化 G 使 D 准确率最小化，当生成器的概率分布接近于真实数据分布 $p_d(x)$ 时，达到最优化。

2.2.2 条件生成式对抗网络

2.2.1节介绍了 GAN 的原理，本节主要介绍条件生成式对抗网络(conditional generative adversarial network，C-GAN)的原理和方法。C-GAN 是 GAN 方法的扩展，其主要不同点在于 C-GAN 向生成器 G 和判别器 D 中引入了额外的信息 y。这里，y 可以是任意的辅助信息，如遥感影像类别信息、矢量信息等。C-GAN 的基本模型结构如图 2.2 所示，其与 GAN 模型结构类似，由条件限制的生成模型 G 与判别模型 D 构成，生成器与判别器的功能与 GAN 模型中的功能相同：生成器用于生成欺骗判别器的数据，使生成数据分布接近真实数据分布；判别器用于判别数据来源真伪。C-GAN 模型损失函数为

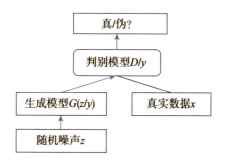

图 2.2 C-GAN 基本模型结构与原理示意图

第2章 高分辨率遥感影像语义分割层次认知模型

$$\mathcal{L}_{\text{C-GAN}}(G, D) = \mathbb{E}_{x, y \sim p_d(x, y)}[\log D(x|y)] + \mathbb{E}_{z \sim p_z(z, y)}[\log(1 - D(G(z|y)))] \quad (2\text{-}5)$$

式中，$D(x|y)$ 为额外条件 y 限制下数据 x 的概率值，$G(z|y)$ 为额外条件 y 限制下随机变量 z 的概率值；x 与 y 的联合分布服从 $p_d(x, y)$，随机变量 z 的分布服从 $p_z(z, y)$。式(2-5)对应的"零和博弈"中的极小—极大值规则的目标函数是

$$\min_G \max_D \mathbb{E}_{x, y \sim p_d(x, y)}[\log D(x|y)] + \mathbb{E}_{z \sim p_z(z, y)}[\log(1 - D(G(z|y)))] \quad (2\text{-}6)$$

对式(2-6)采用迭代交替优化方法，当真实数据的联合概率分布 $p_d(x, y)$ 与生成器的概率分布两者接近时，达到全局最优解。一般来讲，训练时生成器 G 和判别器 D 的参数并不是同步更新，为了使 G-GAN 能达到最佳收敛状态，通常需要更新 D 的参数若干次之后，然后再更新 G 的参数。

2.2.3 条件最小二乘损失函数与框架设计

C-GAN 的特点是在生成器和判别器中增加了条件限制，从而使 GAN 生成样本时具有目的性。CLS-GAN 作为 C-GAN 方法的一种情况，同样是由生成器和判别器构成，并且在其中嵌入了限制条件 y，使得 CLS-GAN 生成也具有了目的性。此外，考虑到设计 CLS-GAN 结构目的是为语义分割任务扩充样本，而语义分割方法的特点是要让分割界限更加准确，因此在设计损失函数时候，除了考虑限制条件 y 的因素，还要考虑一次项来优化生成影像的边界信息。综合上述因素，CLS-GAN 的判别器 D 和生成器 G 损失函数设计如下：

$$\mathcal{L}_{\text{CLS-GAN}}(D) = \frac{1}{2} \mathbb{E}_{x, y \sim p_d(x, y)}[(D(x|y) - a)^2 + (D(x|y) - a)]$$
$$+ \frac{1}{2} \mathbb{E}_{z \sim p_z(z, y)}[(D(G(z|y)) - b)^2 + (D(G(z|y)) - b)] \quad (2\text{-}7)$$

$$\mathcal{L}_{\text{CLS-GAN}}(G) = \frac{1}{2} \mathbb{E}_{x, y \sim p_d(x, y)}[(D(x|y) - c)^2 + (D(x|y) - c)]$$
$$+ \lambda \mathbb{E}_{z \sim p_z(z, y), x, y \sim p_d(x, y)}[\|y - G(z|y)\|_1] \quad (2\text{-}8)$$

式中，a，b 和 c 为用于调节生成器和判别器状态的变量；z 为随机变量；式(2-8)中的 L_1 距离 $\|\cdot\|_1$ 目的是让生成器目标函数更平滑一些，λ 是相应项的调整参数。依照极小-极大值规则，可以得到最终的损失函数如下：

$$\min_G \max_D \{\mathcal{L}_{\text{CLS-GAN}}(G, D) = \mathcal{L}_{\text{CLS-GAN}}(D) + \mathcal{L}_{\text{CLS-GAN}}(G)\}. \quad (2\text{-}9)$$

图 2.3 是所提出的 CLS-GAN 的网络结构示意图。生成器 G 子网络由编码器/解码器 (encoder-decoder) 与 TanH 函数构成，每一层的非线性激活函数为修正线性单元函数 (ReLU)，具体来说，生成器 G 结构中，编码器/解码器卷积层的输出特征维度如下：

编码器（Encoder）：C256-C128-C64-C32-C16-C8-C4-C2

解码器（Decoder）：C2-C4-C8-C16-C32-C64-C128-C256.

判别器 D 由五层卷积层构成，其结构为：C256-C128-C64-C32-C30。非线性激活函数也采用 ReLU 函数，同时考虑到设计 CLS-GAN 的目的是为扩充语义分割数据，保证训练样本的多样性，在判别器 D 设计时，采用了权值共享机制，增加 Softmax 损失层作为语义分割类别预测层，使得在样本生成的同时，可以监控网络的性能，以便于合适时机终止训练。

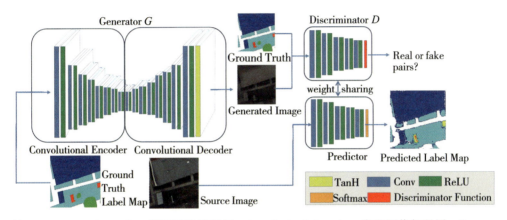

注：Convolutional Encoder：卷积网络编码层；Convolutional Decoder：卷积网络解码层；Generator G：生成器 G；Discriminator D：判别器 D；Ground Truth：真值标注；Source Image：源影像；Generated Image：生成影像；Predictor：预测器；weight sharing：共享权重

图 2.3　CLS-GAN 结构示意图

2.2.4　条件最小二乘损失函数与 f-散度

本小节将证明 CLS-GAN 的损失函数是 f-散度的一种特殊情况，即 Kagan 散度。f-散度也被称为 Ali-Silvey 距离（Ali et al., 1966），它有助于从理论上分析在生成器位于判别器决策边界时生成影像的真实度，还可以指导设计 CLS-GAN 模型中相关的参数。同样地，与 2.2.3 小节相类似，首先分析在固定生成器 G 的参数条件下，考虑最优判别器 D 的表达式是什么，然后分析此时的生成器是什么状态，并证明 CLS-GAN 损失函数是 f-散度的特殊情况之一，即 Kagan 散度，进而使用 Kagan 散度来指导设计 CLS-GAN 模型中的参数。

注意到，当达到最优解时，在式(2-8)中增加一个不依赖于生成器 G 的项不会改变损失的状态，式(2-8)可以等价变为

$$\mathcal{L}_{\text{CLS-GAN}}(G) = \frac{1}{2}\mathbb{E}_{x,\,y \sim p_d(x,\,y)}\big[(D(x\mid y) - c)^2 + (D(x\mid y) - c)\big]$$

$$+ \frac{1}{2}\mathbb{E}_{z \sim p_z(z,\,y)}\big[(D(G(z\mid y)) - c)^2 + (D(G(z\mid y)) - c)\big]$$

$$+ \lambda\, \mathbb{E}_{z \sim p_z(z,\,y),\, x,\, y \sim p_d(x,\,y)}\big[\|y^* - G(z\mid y)\|_1\big] \tag{2-10}$$

因此，对于一个固定参数的生成器 G，最优的判别器 D^* 可以表示为

$$D^* = \frac{mp_d + np_g}{p_d + p_g} \tag{2-11}$$

式中，$m = a - \frac{1}{2}$，$n = b - \frac{1}{2}$，p_g 和 p_d 分别表示生成器 G 和判别器 D 的概率分布。

另外，当生成器 G 达到最优化时，式(2-8)中的 L_1 正则化距离 $\|\bullet\|_1$ 将会为 0，因为此时，生成影像分布最接近真实影像的分布。将式(2-7)中的判别器 D 替换为式(2-11)中最优判别器 D^*，能得到生成器 G 如下的代价函数：

$$E(G) = \frac{1}{2}\mathbb{E}_{x,\,y \sim p_d(x,\,y)}\big[(D^*(x\mid y) - c)^2 + (D^*(x\mid y) - c)\big]$$

$$+ \frac{1}{2}\mathbb{E}_{z \sim p_z(z,\,y)}\big[(D^*(G(z\mid y)) - c)^2 + (D^*(G(z\mid y)) - c)\big]$$

$$= \frac{1}{2}\mathbb{E}_{x,\,y \sim p_d(x,\,y)}\left[\left(\frac{mp_d + np_g}{p_d + p_g} - a\right)^2 + \left(\frac{mp_d + np_g}{p_d + p_g} - a\right)\right]$$

$$+ \frac{1}{2}\mathbb{E}_{z \sim p_z(z,\,y)}\left[\left(\frac{mp_d + np_g}{p_d + p_g} - c\right)^2 + \left(\frac{mp_d + np_g}{p_d + p_g} - c\right)\right]$$

$$= \frac{1}{2}\int_\chi \frac{((b - c)(p_d + p_g) - (b - a)p_g)^2}{p_d + p_g}\mathrm{d}x$$

$$+ \frac{1}{2}\int \frac{(m - a)p_d + (n - a)p_g}{p_d + p_g} + \frac{1}{2}\int \frac{(m - c)p_d + (n - c)p_g}{p_d + p_g} \tag{2-12}$$

如果将参数设置为 $b - c = 1$，$b - a = 2$，那么，

$$E(G) = \frac{1}{2}\int_\chi \frac{(2p_g - (p_d + p_g))^2}{p_d + p_g}\mathrm{d}x + \frac{1}{2}\int_\chi (p_g - p_d)\mathrm{d}x \tag{2-13}$$

由于最终目的是让生成器的分布 $p_g(x)$ 与真实数据的分布 $p_d(x)$ 相接近，因此最终等价的代价函数为

$$E(G) = \frac{1}{2}\int_\chi \frac{(2p_g - (p_d + p_g))^2}{p_d + p_g}\mathrm{d}x$$

$$= D_{\chi^2}(p_d + p_g \parallel 2p_g) \tag{2-14}$$

式中，$D_{\chi^2}(\bullet)$ 为 Kagan 散度，也就是 f-散度的特例之一。因此，只要参数 a，b 和 c 满足条件 $b - c = 1$，$b - a = 2$，那么训练得到的最优生成器 G 就位于判别器 D 的决策边缘。

2.2.5 实验结果分析

1. 数据说明

1)数据一：CamVid 数据集

CamVid 数据集是由英国剑桥大学与苏黎世联邦理工学院制作的室外街区标注数据集，影像取自高清视频序列，是全世界首个针对户外街区场景视频目标的语义标注集。然而，该数据训练影像较少，数据集包括 367 张训练影像、101 张验证影像、233 张测试影像。经过降采样处理后，影像的大小为 480×360 像素，共包含 11 个语义目标类别。之所以选择该数据集做算法验证，是因为该数据集数据比较一致，可以加快训练速度，便于快速分析算法性能。此外，还便于与在自然影像上测试的算法做对比。图 2.4 是该数据集中的部分标注数据。

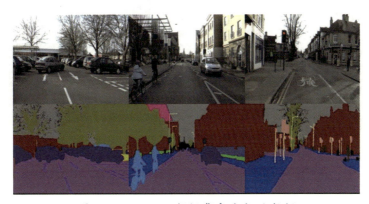

图 2.4 CamVid 数据集部分标注数据

2)数据二：Potsdam 数据集

Potsdam 数据集是由国际摄影测量与遥感组织(ISPRS)制作的航空影像数据集，该数据集由 38 张影像构成，每张影像大小为 6000 × 6000 像素，共包含 6 个类别信息(不透水面、建筑物、低矮植被、树木以及车辆)。其中，24 张影像是全幅标注影像，影像的 GSD 为 5cm。此外，ISPRS 组织同时也提供该数据的近红外波段影像以及数字表面模型数据。图 2.5 是 Potsdam 数据集的概况，图 2.5(a)是原始数据分布情况；图 2.5(b)的第一列为原始影像数据，第二列为 DSM 数据，第三列为影像语义分割标注数据。

2. 实验方法

对于生成式对抗网络生成影像质量评价方法，目前仍未形成一个统一的准则(Isola et

al., 2016)。因此, 本书设计了一种"再分割"的方法来评估影像的质量。"再分割"的评估方法包含三步: 首先, 执行 CLS-GAN 方法, 其输出结果是生成的影像 G^* 和语义分割结果 L_1; 然后, 使用 FCN-8s 网络(Long et al., 2015)再次训练影像 G^* 和相应的语义分割真值标注影像, 其输出结果是语义分割预测结果 L_2; 最后, 使用 FCN-8s 网络训练源影像和相应的真值标注影像, 得到语义分割预测结果 L_3。若在同样的测试数据集上, 语义分割结果 L_1 与 FCN-8s 训练后的预测结果相接近, 那么认为 CLS-GAN 生成影像的质量比较好。同时, 对生成影像 G^* 和真值标注影像训练后的预测结果进行评估, 用于对比 CLS-GAN 和 C-GAN 方法。实验中, 语义分割结果评估指标采用通用的平均交并比(mIoU)。所提出的"再分割"评估策略如图 2.6 所示。

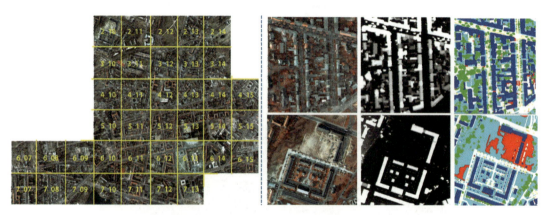

(a)原始数据分布　　　　　　　　　(b)部分标注数据

图 2.5　Potsdam 数据集概况

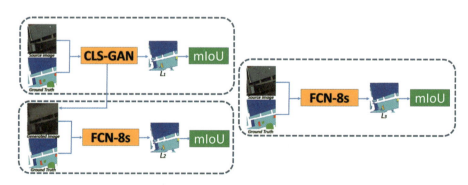

图 2.6　"再分割"生成影像质量评价方法示意图

本书的 CLS-GAN 网络结构基于 Tensorflow 框架实现, 所采用的系统为 64 位 Linux 系统, CPU 配置是 Intel i7-6700 CPU@3.4GHz×8, 显卡为英伟达 GeForce GTX TITAN X, 显

存大小12Gb。实验过程中，模型中涉及的经验参数λ设置为20，并且使用随机梯度下降（Ruder，2016）方法进行优化训练。

3. 普通室内/室外生成影像质量评估

图2.7是使用C-GAN、CLS-GAN、LS-GAN方法基于CamVid数据集生成的影像；图2.8是采用上一节提到的"再分割"策略后的在CamVid数据测试集上预测结果；表2.1是各种方法的定量评价。表2.1中"FCN-8s-1"表示使用FCN-8s网络训练生成影像及其相应的真值标签影像所预测的结果(上一节中的)。

从图2.7可以看出，采用条件式网络的方法（CLS-GAN、C-GAN）生成的影像比LS-GAN方法生成的质量高一些，原因在于LS-GAN方法没有融合任何条件来指导影像生成的过程。在表2.1中，CLS-GAN方法获取了比C-GAN方法更高的mIoU值，原因是C-GAN方法采用了sigmoid交叉熵损失函数，不可避免地出现了梯度消失问题。具体表现在图2.8

(a)源影像　　　　　　　　(b) C-GAN方法生成影像

(c) CLS-GAN方法生成影像　　(d) LS-GAN方法生成影像

图2.7　CamVid数据集上使用不同方法生成的影像

的语义分割结果中(图 2.8 第二列),预测的结果很"紊乱",精度比 FCN-8s 低了近 28%。此外,从表 2.1 中可以看出,CLS-GAN 方法取得了与 FCN-8s 相当的 mIoU 精度,进一步说明了 CLS-GAN 生成影像的质量较高,和真实影像较为接近,可以应用于语义分割样本增广。两者的精度相当,主要原因归结于 CLS-GAN 语义分割层和 FCN-8s 方法有着类似的网络结构。FCN-8s 和 CLS-GAN 网络结构都是由三部分组成:卷积、上采样和分类层。并且两种方法都没有采用 U-Net 那样的"跨越-连接"方式。因此当训练样本有限时,两种方法会取得相近的结果。

表 2.1   CamVid 数据上的定量评价

方法	像素精度/%	平均类别精度/%	mIoU/%
C-GAN	31.8	18.7	11.3
LS-GAN	65.4	42.8	30.5
CLS-GAN	**78.8**	48.7	39.6
FCN-8s-1	45.6	23.2	19.7
FCN-8s	77.3	**49.4**	**39.8**

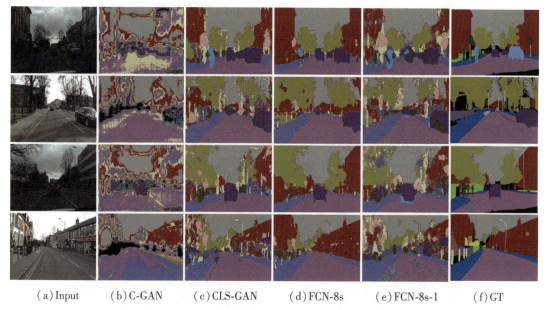

(a) Input   (b) C-GAN   (c) CLS-GAN   (d) FCN-8s   (e) FCN-8s-1   (f) GT

图 2.8   CamVid 数据集上采用不同方法语义分割结果

总之,基于 GAN 的方法虽然能提升总体精度,但在样本不足的条件下,从图 2.8 中可以推断出,训练过程中仍然可能出现欠拟合的现象。此时,就应该采取一些策略,如多尺度表征，CRF 优化以及"扩张卷积"等来优化网络结构，进而提升语义分割的精度。

4. 高分辨率遥感生成影像质量评估

在实验过程中，Postsdam 遥感数据集的数据被切分成大小为 480×360 像素的训练和测试影像，切分的间隔为 128 像素，因此获得 8524 个切片数据用于训练，3960 个切片数据用于测试。

图 2.9 是采用 C-GAN、LS-GAN 以及 CLS-GAN 方法生成的影像结果。从图中可以看出，C-GAN 方法生成的影像比其他方法生成的结果更"清晰"。然而，由于常规的 C-GAN 方法采用了 sigmoid 交叉熵函数作为判别器的损失函数，因此可能会导致梯度弥散现象，产生如图 2.9(b)那样内部"紊乱"的现象，这一结论和 W-GAN 方法(Arjovsky et al.,2017)分析的梯度消失对生成效果产生的影响结论相符合。相比之下，采用最小二乘方法(CLS-GAN、LS-GAN)能较好的保持生成影像内部较为均衡。进一步地，图 2.9(c)效果看起来优于图 2.9(d)，这是因为 CLS-GAN 中引入了额外的先验条件信息，能引导影像生成的过程。

(a)源影像　　　　　　　　(b)C-GAN 方法生成影像

(c)CLS-GAN 方法生成影像　　(d)LS-GAN 方法生成影像

图 2.9　Postsdam 数据集上使用不同方法生成的影像

图 2.10 展示了使用不同方法"再分割"的预测结果。从图上可以看出，CLS-GAN 方法得到的语义分割结果比 C-GAN 方法更好。此外，使用"再分割"技术得到的"FCN-8s-1"结果虽然不是最优的，但相比 C-GAN 方法，所预测结果更精确一些。这说明，与 C-GAN 方法相比，该方法的最优生成器更接近于判别器的边界。

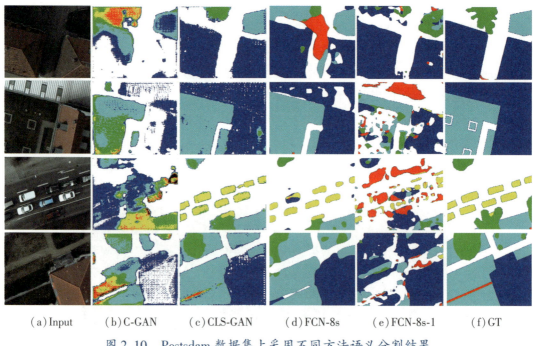

(a) Input　　(b) C-GAN　　(c) CLS-GAN　　(d) FCN-8s　　(e) FCN-8s-1　　(f) GT

图 2.10　Postsdam 数据集上采用不同方法语义分割结果

表 2.2 是 GAN 相关方法在遥感影像上的定量评价。FCN-8s 作为对比的基础方法。从表中可以看出，所提出的 CLS-GAN 网络与 C-GAN 网络相比，在像素精度上超越了 33%，平均类别精度超越了 30%，mIoU 指标超越了 27.8%。由于额外信息的注入，CLS-GAN 获得 39.3% 的 mIoU 值，相应的指标优于 LS-GAN 方法。尽管"FCN-8s-1"方法并没有获得与 FCN-8s 一样的结果，CLS-GAN 方法是对其的一种补充，因为生成器和判别器相互博弈共同提升了语义分割精度。同时注意到，在表 2.2 中，CLS-GAN 和 FCN-8s 方法有着接近的 mIoU 值。导致这一现象出现的原因，除了框架和训练样本的因素外，另一个更重要的因素是两者都把 softmax 函数当作语义分割任务的分类器。此外，两者使用了类似的上采样机制，并且没有将类别不均衡因素（Bulo et al.，2017；Li et al.，2017）考虑在框架内。正因为这些因素综合在一起，两者才可能有相近的精度。

2.3 基于多尺度流形排序的语义分割

表 2.2   Postsdam 数据上的定量评价

方法	像素精度/%	平均类别精度/%	mIoU/%
C-GAN	33.8	21.9	12.7
LS-GAN	35.7	23.6	14.5
CLS-GAN	**69.8**	52.9	**39.3**
FCN-8s-1	38.5	25.2	15.4
FCN-8s	64.8	**53.0**	38.9

2.3 基于多尺度流形排序的语义分割

2.3.1 基础网络结构设计

DCNN 网络结构的基础单元组合主要呈现出两个趋势：①网络结构横向加宽且纵向加深；②网络层次间信息跨层组合。表 2.3 和表 2.4(Zhao et al., 2016)总结了目前的一些主要网络结构基础单元信息融合的策略和代表性方法。从图中可以看出，通过多分支结构增加网络宽度，或者通过层次间信息整合策略，能有效提升网络性能。很多语义分割框架，如 DeepLab(Chen et al., 2016)、U-Net(Ronneberger et al., 2015)等都采用了这两种信息整合的网络结构设计策略。本书受这些策略启发，结合遥感影像与实际生产应用的特性，最终结合多尺度、局部感受野以及先验知识融合的方式，设计了一种对偶多尺度流形排序（DMSMR）网络，使之适用于遥感影像语义分割处理。

表 2.3   DCNN 网络基础单元融合策略：横向加深和纵向加宽

网络结构单元	B1→B2→B3→B4	B1,B2,B3,B4 (并联)	B1→B2→B3→B4 (带跳跃连接)	B1,B2,B3,B4 (带跨连接)
网络名称	LeNet、AlexNet、VGGNet	GoogleNet、Inception-v2/v3	ResNet、HighWay	ResNeXt、Inception-v4、Multi-Residual Net

续表

提出时间	1989、1994、2012、2014	2014、2015	2015	2016
特点	DropOut, Max Pooling, 3*3卷积, CUDA加速	多分支结构，宽度增加，使用1*1卷积核，多组卷积核叠加	层数增加，信息跨越整合	多分支结构，信息跨越整合

表2.4　DCNN网络基础单元融合策略：层次信息跨层组合(Zhao et al., 2016)

网络结构单元	（B1→B2→B3→B4 结构示意图）	（B1→B2→B3→B4 密集连接示意图）	（B1、B2、B3、B4 多分支连接示意图）
网络名称	Multilevel ResNet、FractalNet	DenseNet、DelugeNet	Ladder、Merge-And-Run
提出时间	2016	2017、2016	2016
特点	层数增加，信息跨越整合，参数量大	密集连接，信息跨层整合，参数量大	多分支连接，信息共享跨越整合，结构复杂

2.3.2　代表性网络结构

2.3.1小节介绍了DCNN设计两种主要策略，本小节将针对其中的代表性网络结构予以介绍，包括早期的LeNet，现代网络结构设计代表AlexNet、VGG-Net，以及GoogleNet、ResNet和DenseNet。

1. LeNet

LeNet由纽约大学教授、Facebook人工智能研究中心主任LeCun于1998年提出，其主要目的是用于手写数字的识别，如图2.11所示(LeCun et al., 1998)。LeNet由三个卷积层、一个全连接层和一个高斯连接层组成。其所涉及的卷积层、池化层(降采样, average pooling)和非线性激活函数(Tanh, Sigmoid函数等)，以及分类函数为后来的现代CNN卷积神经网络奠定了基础。相应的 LeNet-5 示例,可以在 http://yann.lecun.com/exdb/lenet/index.html 上找到。

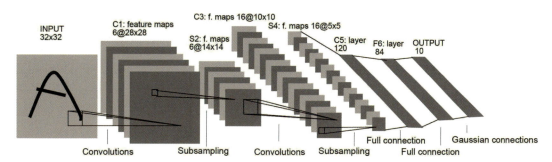

Convolutions:卷积;Subsampling:子采样;Full connection:全连接;Gaussian connections:高斯连接

图 2.11 LeNet 网络结构(LeCun et al., 1998)

2. AlexNet

AlexNet 由多伦多大学学生 A. Krizhevsky 于 2012 年提出,该方法在 2012 年 ImageNet 比赛(ILSVRC-2012)中获得冠军,在测试集上 top-5 错误率为 15.3%,远超第二名 26.2% 的成绩(Krizhevsky et al., 2012)。该方法首次采用 CUDA 为神经网络卷积操作加速,其中采用的最大池化(max pooling)操作、ReLU 非线性激活函数解决梯度弥散问题、DropOut 和样本裁减操作用于防止过拟合,成为后来卷积神经网络的"标配"。AlexNet 网络结构如图 2.12 所示。

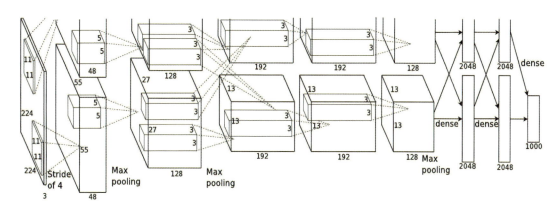

Max Pooling:最大池化;dense:密集

图 2.12 AlexNet 网络结构(Krizhevsky et al., 2012)

3. VGG-Net

VGG-Net 网络(Simonyan et al., 2014)由英国牛津大学工程科学系视觉几何团队提出,该方法在 2014 年 ImageNet 目标定位与影像分类任务中分别斩获第一名与第二名。如图 2.13 所示,VGG-16 结构共有 5 段,每段内有 2~3 个卷积层,构成了"64-128-256-512-512"的连接模式,其通过 卷积核操作,CNN 网络的深度提升到了 19 层(VGG-19)。由于 VGG 网络结构设计简单,容易融合多种方法策略(如扩张卷积等),并且网络结构参数量适中,因此本书也采用该网络结构作为设计的蓝本,将多种策略融合,使之适用于遥感影像实际生产处理。

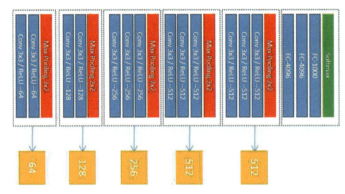

图 2.13　VGG-16 网络结构(Simonyan et al., 2014)

4. GoogleNet

GoogleNet(Szegedy et al., 2017; Szegedy et al., 2016; Szegedy et al., 2015; Ioffe et al., 2015)是由谷歌公司主导设计的神经网络结构,该网络受新加坡国立大学颜水成教授团队提出的 Network In Network 网络结构(Lin et al., 2013)启发,共有四个改进的版本,曾获得 2014 年 ImageNet 比赛分类任务第二名,定位任务第一名的成绩。GoogleNet 的各个版本中,先后提出了 Inception 系列结构(网络基础单元加宽)、Batch Normalization 策略以及后面改进的残差设计结构,使得在 ImageNet 上的分类精度 top-5 错误率由 6.67% 下降至 3.08%。GoogleNet 的 Inception 模式简化和降维版本如图 2.14 所示。

5. ResNet

ResNet 网络(He et al., 2016)是由何恺明等在微软亚洲研究院(MSRA)工作期间提出的,并获得 CVPR 2016 最佳论文奖。该网络结构曾在 ILSVRC 2015、MS-COCO 2015 比赛中分获冠军。ResNet 解决的问题是深度网络层数不断加深时，网络性能出现退化问题：准确率先上升至饱和，然后再加深网络准确率会下降。那么，在网络中引入"全等映射"，至少能保证深层次的网络在训练集上的误差不会增加。但随着网络的加深，ResNet 训练对 GPU 显存要求会越来越高，从实际生产设备角度来讲，这对于遥感影像处理并不是最优的选择。ResNet 的"全等映射"结构如图 2.15 所示。

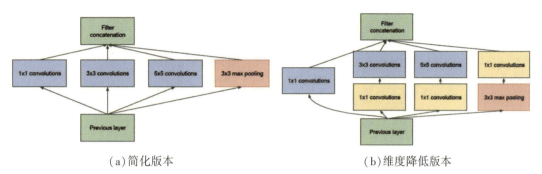

（a）简化版本　　　　　　　　　　（b）维度降低版本

Filter concatenation：滤波器拼接；convolutions：卷积；max pooling：最大池化；Previous layer：上一层

图 2.14　GoogleNet 的 Inception 模式简化和降维版本

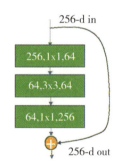

图 2.15　ResNet 的"全等映射"结构（He et al.，2016）

6. DenseNet

DenseNet 是由康奈尔大学、清华大学和 Facebook 人工智能研究组共同提出的，曾荣获 CVPR 2017 最佳论文奖。其网络结构设计的思想源于 ResNet 中随机去掉一些层，可以提高 ResNet 的泛化性能。基于这种考虑，DenseNet 让每一层与前面的层相连接，实现特征重复利用，达到降低冗余的目的（见图 2.16）。但对于语义分割任务，从 PASCAL VOC 数据集上的表现以及显存消耗的角度来讲，DenseNet 并不是最佳的选择，因此本书并没有以此作为基础网络。

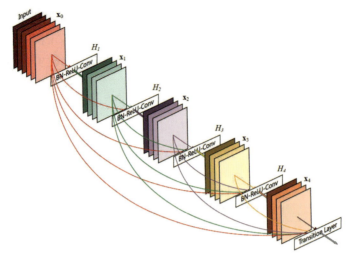

图 2.16 DenseNet 网络结构(Huang et al., 2017)

2.3.3 影像多尺度编码

影像的多尺度编码思想是通过对原始信号采用不同的尺度参数,获取不同的简化结构(Rosenfeld et al.,1971),完成对人类视觉由粗到精过程的模拟。另外一种机制是"金字塔"表达,通过对不同分辨率的影像采用不同的下采样方式,形成各个层次空间分辨率影像。对这种尺度空间设计方法的研究证明,高斯核是唯一的线性尺度空间核(Lindeberg,2011)。

对于 DCNN 框架结构,多层卷积结构与池化层的设计,实际上已经在一定程度上通过线性与非线性的多层组合方式模拟了这种多尺度机制。其多尺度空间设计方法主要有两种方式:①原始影像尺度空间显式表达。对原始影像降采样处理,在不同尺度参数下采用相应的网络结构设计,最后对多尺度特征加以融合。②DCNN 网络自身空间尺度隐式表达。利用卷积网络自身层层池化后的特征来描述多尺度机制,通过对每个池化后的特征上采样(优化)融合,得到各尺度融合的最优表达。图 2.17 描述了这两种不同的尺度表达方式。

图 2.17(a)所描述的 DCNN 尺度空间显式表达方法,虽然能从原始影像刻画出降采样后各尺度下影像的特征,但随之而来的是各尺度下网络结构重复,多尺度特征不能共享,可能会在造成特征冗余的同时导致 GPU 计算资源消耗过大;图 2.17(b)表示的隐式表达方法,能合理利用网络自身"层层叠加"隐含尺度的特性,通过融合各层池化后的特征,一方面可以表达出尺度的信息,另一方面能实现底层特征与高层特征的互补融合,GPU 资源不会因此而占用过多。本书基于这两点考虑,最终采用尺度空间隐式表达的方式来构建 DCNN

2.3 基于多尺度流形排序的语义分割

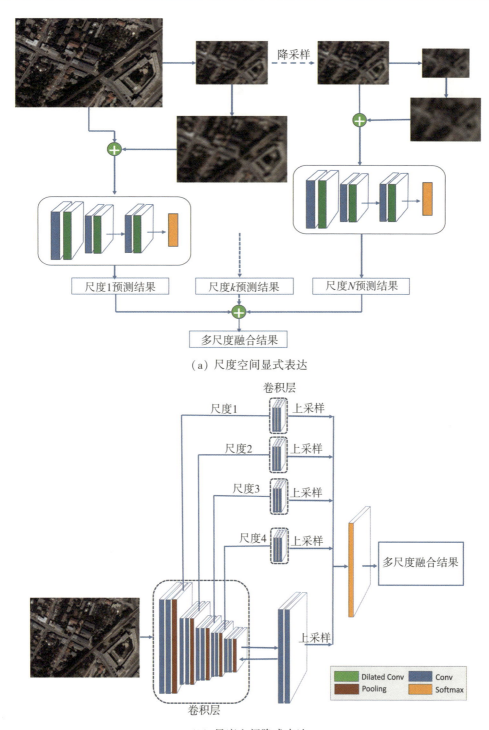

(a) 尺度空间显式表达

(b) 尺度空间隐式表达

图 2.17 DCNN 框架下，尺度空间的两种表达方式

多尺度编码结构。在尺度融合的过程中，本书采用了均值融合的方式，将多个尺度下的特征加以融合。假设尺度 l 的输出特征为 $\hat{\boldsymbol{F}}_l$，那么最终的融合结果是

$$\overline{\boldsymbol{F}} = \frac{1}{N}\sum_{l=1}^{N}\hat{\boldsymbol{F}}_l \tag{2-15}$$

2.3.4 扩张卷积与感受野

所谓"感受野"指的是视觉中对特定区域的响应，在 DCNN 结构中是指输出的特征图中某个点对应于输入图像上的区域，"扩张卷积"作为一种增大感受野的途径，目前已成为深度学习工具 Caffe/PyTorch/Tensorflow 平台（Jia et al.，2014）的标准配置。根据 Yu 等人 (2015) 的定义，假设 $F:\mathbb{Z}^2 \to \mathbb{R}$ 为离散函数，$\Omega_r = [-r, r]^2 \cap \mathbb{Z}^2$，$k:\Omega_r \to \mathbb{R}$ 表示大小为 $(2r+1)^2$ 的滤波器，那么卷积的采样操作定义为

$$(F*k)(p) = \sum_{s+t=p} F(s)k(t) \tag{2-16}$$

式中，p 表示影像特征图上像素点的空间位置；s 表示影像上像素点的空间位置；t 表示卷积核中各个核元素的位置。将公式(2-16)的卷积操作泛化到扩张卷积操作中，便可以得到扩张卷积定义：

$$(F*_l k)(p) = \sum_{s+lt=p} F(s)k(t) \tag{2-17}$$

式中，$*_l$ 表示扩张卷积操作。

图 2.18 中第一行中的红点表示扩张卷积的采样点；第二行相应地展示了采用不同尺寸扩张卷积核影像的边缘信息发生的变化。其中 2.18(a) 表示未使用扩张卷积所得边缘信息；2.18(b) 表示扩张卷积核参数 $l=1$ 时的边缘信息；2.18(c) 表示扩张卷积核参数 $l=2$ 时的边缘信息；2.18(d) 表示扩张卷积核参数 $l=4$ 时的边缘信息。从图中可以看出，随着感受野和扩张卷积尺寸增大，虽然得到的空间上下文信息增多，但随之而来的是影像底层特征（如边缘）的弱化。在高分辨率遥感影像处理时，常会出现训练集切片数据中目标不是完整目标的情形，例如图 2.18 中的房屋切片，并不是一个完整的房屋形态。如果感受野过大，可能捕捉不到底层特征信息，因此需要设计相应策略，使感受野大小合适。详细方法在下一节介绍。

2.3.5 "扩张-非扩张"对偶卷积层集

2.3.4 小节介绍了扩张卷积相关理论以及应用于遥感影像时需考虑适当感受野的问题。本节主要介绍如何在 DCNN 框架下构建合适的感受野。实际上，当存在感受野过大的问题时，可以通过引入相应的小一些的感受野来抑制，进而得到合适的感受野。这些"大一些"的感受野和"小一些"的感受野，构成了"扩张-分扩张"对偶卷积层，从而得到合理的感受

野。图 2.19 是 DCNN 框架下"扩张-非扩张"卷积层集构建方法示意图,图中扩张卷积层集中红色虚线部分(第一次采用池化降采样后的特征),与非扩张卷积层集中的红色虚线部分共同构成了对偶层,两者相互制约,实现适当感受野编码。数学化的表示就是:假设在尺度 l 下的卷积层输出特征为 $\hat{F}_l$,$s: \Omega_s \to \mathbb{R}$ 表示该尺度下的扩张卷积核。"扩张-非扩张"卷积层集要实现的等价最小目标函数是

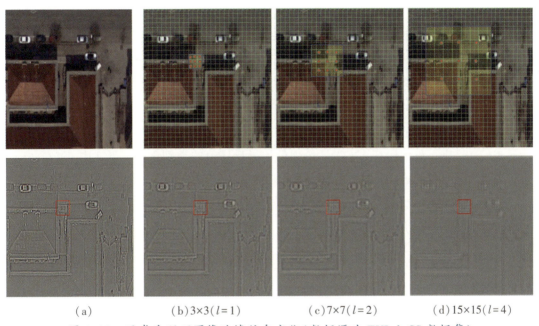

图 2.18 同感受野下图像边缘信息变化(数据源为 EVLab-SS 数据集)

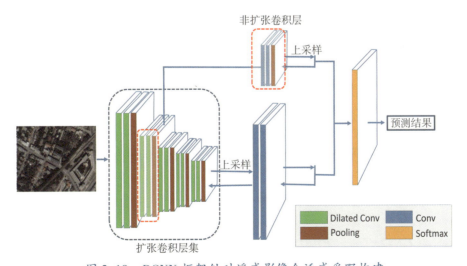

图 2.19 DCNN 框架针对遥感影像合适感受野构建

第 2 章 高分辨率遥感影像语义分割层次认知模型

$$\Delta = \Theta((\hat{F}_l *_l s)(\overline{x}), \hat{F}_l(\overline{x})) = \frac{1}{2} \parallel \theta_1(\hat{F}_l *_l s)(\overline{x}) - \theta_2 \hat{F}_l(\overline{x}) \parallel^2 \quad (2\text{-}18)$$

式中，$\Theta(\bullet)$ 表示"扩张-非扩张"卷积输出差异的函数；$\overline{x}$ 是从尺度参数为 $l-1$ 的非扩张卷积层的输出；$*_l$ 是扩张卷积运算符；θ_1 与 θ_2 对偶输出间的权重系数。

2.3.6 多标签流形排序优化

给定一张高分辨率影像 $\mathcal{L}^{M \times N}$，其是由像素点 $\{p_i\}_{i=1}^{M \times N}$ 所构成的集合。语义分割的目的是将每一个像素点 p_i 归类为 K 种可能类别之一。换而言之，每一个像素点 p_i 将会被分配至具有最大流形排序值所对应的标签索引上。令 $f_k(p_i)$ 表示像素点 p_i 的第 k 种类别所对应的流形排序值，那么像素点 p_i 被分配的最优标签可以用下式表示：

$$y_l^*(f) = \underset{k \in \{1, 2, \cdots, K\}}{\operatorname{argmax}} f_k(p_i) \quad (2\text{-}19)$$

式(2-19)中，最优标签 $y_l^*(f)$ 即最大的流形排序值的类别索引，下文中 $y_l^*(f)$ 与 y_l^* 具有同等含义。尽管语义分割的目标是为影像中每一个像素点 p_i 分配一个最优标签 $y_l^*(f) \in \{1, 2, \cdots, K\}$，但可以将上述过程分解为两个步骤，①在连续域内寻找到各像素点 p_i 的最优流形排序向量 $\hat{f}(p_i) = [\hat{f}_1(p_i) \quad \hat{f}_2(p_i) \quad \cdots \quad \hat{f}_k(p_i) \quad \cdots \quad \hat{f}_K(p_i)]$；②从最优流形排序向量中获取最优流形排序值 $f_k^{\max}(p_i) = \max\{\hat{f}_1(p_i), \hat{f}_2(p_i), \cdots, \hat{f}_K(p_i)\}$，$f_k^{\max}(p_i)$ 对应的索引即像素点 p_i 的最佳标签。上述的最优流形排序向量 $\hat{f}(p_i)$ 具体求解步骤如下：

首先，将二值流形排序的能量函数扩展至多标签情况，可以得

$$E(\tilde{f}) = \underset{\tilde{f}}{\operatorname{argmin}} \sum_{v_i \in V} \mu_i \parallel \tilde{f}(p_i) - \tilde{f}^*(p_i) \parallel^2 + \lambda \sum_{e_{ij} \in E} w_{ij} \parallel \tilde{f}(p_i) - \tilde{f}(p_j) \parallel^2 \quad (2\text{-}20)$$

式中，p_i、p_j 分别等同 v_i、v_j，e_{ij} 为连接 p_i 和 p_j 的边：

$$\tilde{f} = \begin{bmatrix} \tilde{f}(p_1) & \tilde{f}(p_2) & \cdots & \tilde{f}(p_i) & \cdots & \tilde{f}(p_n) \end{bmatrix}^T$$

$$\tilde{f}(p_i) = \begin{bmatrix} \tilde{f}_1(p_i) & \tilde{f}_2(p_i) & \cdots & \tilde{f}_K(p_i) \end{bmatrix}^T$$

$\tilde{f}^*(p_i) = \begin{bmatrix} \tilde{f}_1^*(p_i) & \tilde{f}_2^*(p_i) & \cdots & \tilde{f}_K^*(p_i) \end{bmatrix}^T$ 是各像素点 p_i 对应的先验概率向量，由影像的先验特征得到。

然后，将式(2-20)改写为相应的矩阵形式：

$$\begin{aligned} \mathcal{L}(\widetilde{F}) &= 2\lambda \operatorname{Trace}(\widetilde{F}^T(\widetilde{D} - \widetilde{W})\widetilde{F}) + \operatorname{Trace}((\widetilde{F} - \widetilde{F}^*)^T D_\mu (\widetilde{F} - \widetilde{F}^*)) \\ &= 2\lambda \operatorname{Trace}(\widetilde{F}^T \widetilde{L} \widetilde{F}) + \operatorname{Trace}((\widetilde{F} - \widetilde{F}^*)^T D_\mu (\widetilde{F} - \widetilde{F}^*)) \end{aligned} \quad (2\text{-}21)$$

式中，

Trace(·)表示矩阵的迹；

$\widetilde{D}$ 和 $\widetilde{W}$ 分别代表多标签情况下顶点的度矩阵以及权重矩阵；

$\widetilde{L}$ 代表多标签情况下未归一化的 Laplician 矩阵，$\widetilde{L} = \widetilde{D} - \widetilde{W}$；

$D_\mu = \mathrm{diag}\{\mu_1, \mu_2, \cdots, \mu_n\}$，表示数据项的调整系数矩阵；

$\widetilde{F} \in \Re^{(M \times N) \times K}$ 和 $\widetilde{F}^* \in \Re^{(M \times N) \times K}$ 分别由流形排序向量 $\tilde{f}(p_i)$ 和 $\tilde{f}^*(p_i)$ 构建，即

$$\widetilde{F} = \begin{bmatrix} \tilde{f}(p_1) & \tilde{f}(p_2) & \cdots & \tilde{f}(p_N) \\ \vdots & \vdots & & \vdots \\ \tilde{f}(p_{((M-1)\times N-1)}) & \tilde{f}(p_{((M-1)\times N)}) & \cdots & \tilde{f}(p_{M\times N}) \end{bmatrix}_{M\times N} \quad (2\text{-}22)$$

$$\widetilde{F}^* = \begin{bmatrix} \tilde{f}^*(p_1) & \tilde{f}^*(p_2) & \cdots & \tilde{f}^*(p_N) \\ \vdots & \vdots & \ddots & \vdots \\ \tilde{f}^*(p_{((M-1)\times N-1)}) & \tilde{f}^*(p_{((M-1)\times N)}) & \cdots & \tilde{f}^*(p_{M\times N}) \end{bmatrix}_{M\times N} \quad (2\text{-}23)$$

相应地，矩阵 $\widetilde{F}$ 和 $\widetilde{F}^*$ 中各元素 $\tilde{f}(p_i)$ 和 $\tilde{f}^*(p_i)$ 的维度均为 K，因此矩阵 $\widetilde{F}$ 和 $\widetilde{F}^*$ 的实际维度均为 $(M \times N) \times K$。

最后，求取多标签流形排序的最优解。式(2-21)最优解，由如下公式确定：

$$\frac{\mathrm{d}\mathcal{L}(\widetilde{F})}{\mathrm{d}\widetilde{F}} = 4\lambda \widetilde{F}^\mathrm{T} \widetilde{L} + 2(\widetilde{F} - \widetilde{F}^*)^\mathrm{T} D_\mu = 0 \quad (2\text{-}24)$$

因此，可以得到多标签流形排序向量矩阵的最优解为

$$\hat{F} = (2\lambda(\widetilde{D} - \widetilde{W}) + D_\mu)^{-1} D_\mu \widetilde{F}^* = (2\lambda \widetilde{L} + D_\mu)^{-1} D_\mu \widetilde{F}^* \quad (2\text{-}25)$$

经由上面的三个转化步骤，就可以将二值流形排序方法扩展至多标签的情形，完成连续域内的多标签能量优化。

2.3.7 基于多策略融合的 DMSMR 结构

图 2.20 是将前面的四种策略融合起来的网络结构-对偶多尺度流形排序网络(dual multi-scale manifold ranking，DMSMR)。DMSMR 结构主要有以下四个关键点：

(1) 选择与 VGG-16 前 5 层相应的 3×3 大小的卷积核，使网络结构大小适合于遥感影像实际处理需要。

（2）利用网络结构自身特性，多个池化层模拟了多尺度效果。

（3）在每一个尺度下，"扩张卷积-非扩张卷积"块构成对偶层，以确保适合感受野。

（4）采用多标签流形排序方法对每一个尺度下的结果进行优化，通过多个尺度均值融合，使之无需近似推估，实现了"端对端"全局最优处理。

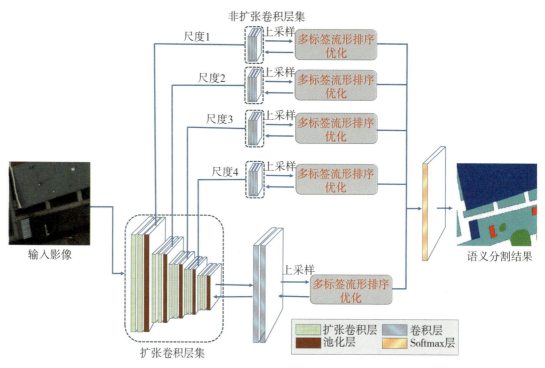

图 2.20　对偶多尺度流形排序网络示意图

2.3.8　DMSMR 网络结构参数

图 2.20 对应的 DMSMR 结构各个尺度下的详细参数，见表 2.5。在表中，分别包括了"扩张卷积层集"与"非扩张卷积层集"各个尺度（块）下卷积操作的各种参数情况。在图 2.20 和表 2.5 中，默认将"ReLU"函数（Glorot et al.，2011）作为非线性激活函数。

表 2.5　　　　　　　　　　　　DMSMR 神经网络参数

子网络名称	尺度（块）	名称	卷积核尺寸	填充尺寸	扩张尺寸	间隔大小	输出特征数
	0	输入	—	—	—		3

续表

子网络名称	尺度(块)	名称	卷积核尺寸	填充尺寸	扩张尺寸	间隔大小	输出特征数
扩张卷积层集	1	conv1-1	3×3	6	6	1	64
		conv1-2	3×3	6	6	1	64
		pool1	3×3	1	0	2	64
	2	conv2-1	3×3	4	4	1	128
		conv2-2	3×3	4	4	1	128
		pool2	3×3	1	0	2	128
	3	conv3-1	3×3	2	2	1	256
		conv3-2	3×3	2	2	1	256
		pool3	3×3	1	0	2	256
	4	conv4-1	3×3	2	2	1	512
		conv4-2	3×3	2	2	1	512
		pool4	3×3	1	0	1	512
	5	conv5-1	3×3	2	2	1	512
		conv5-2	3×3	2	2	1	512
		pool5	3×3	1	0	1	512
	—	fc6	3×3	1	1	1	1024
		fc7	1×1	0	1	1	1024
	*	fc8	1×1	0	1	1	12
	—	多标签流形排序优化					12
非扩张卷积层集	1	pool-conv-1	3×3	1	1	4	128
		pool-conv-2	1×1	0	1	1	128
		pool-conv-3	1×1	0	1	1	12
	—	多标签流形排序优化					12
	2	poo2-conv-1	3×3	1	1	2	128
		poo2-conv-2	1×1	0	1	1	128
		poo2-conv-3	1×1	0	1	1	12
	—	多标签流形排序优化					12
	3	poo3-conv-1	3×3	1	1	1	128
		poo3-conv-2	1×1	0	1	1	128
		poo3-conv-3	1×1	0	1	1	12
	—	多标签流形排序优化					12
	4	poo4-conv-1	3×3	1	1	1	128
		poo4-conv-2	1×1	0	1	1	128
		poo4-conv-3	1×1	0	1	1	12
	—	多标签流形排序优化					12

2.3.9 实验结果分析

1. 数据说明

本节一共使用了两组数据进行实验，分别是室内/室外影像与高分辨率遥感影像。其中，选用室内/室外影像的目的并不是用于比赛竞争，而是用于评估 DMSMR 网络策略选择的合理性，以便于从这些策略中选取潜在地能用于遥感影像处理的方法。每组实验数据又包括两种数据类型：一种是具有公开评价对比的数据，用于对比目前同类型的主流方法；另一种是小规模数据，用于比较本书所提出的 DMSMR 网络中各种策略的性能。下面对这四种数据集分别予以介绍。

1) PASCAL VOC 数据集

PASCAL VOC 数据集（Everingham et al., 2010）是由欧盟资助的用于评价模式分析、统计建模和计算学习性能的室内/室外数据集。该数据集包含目标分类、检测、语义分割、行人识别以及行为分类 6 个任务。其中语义分割数据集包含 20 个类别和一个背景类别，分别有 1464、1449 和 1456 张影像用于训练、验证与测试。测试数据集没有提供真值标注信息，需要将实验结果提交到性能评价网站上才能得到相应评价结果。该数据共有 2 种标注模式：全幅标注模式（图 2.21 第一行）与部分目标标注模式（图 2.21 第二行）。在实验中，除了采用这些训练数据外，还采用了额外的标注数据（Hariharan et al., 2012），因此一共有 10582 张真值标注影像（Hariharan et al., 2012；Zoran et al., 2011）用于训练。

图 2.21 PASCAL VOC 数据集两种标注模式

2) CamVid 数据集

除了 2.2.5 小节介绍的以外，CamVid 这一室内/室外数据集在采集过程中，使用的是 30Hz 连续帧数据，相应地语义标注是每 1Hz 全幅标注一次，每 15Hz 局部标注一次。CamVid 数据集的贡献在于：①具有超过 700 幅人工语义分割标注数据，并且通过了第三方检查；②高质量和分辨率的视频影像数据意味着对于对驾驶场景或者运动场景将有更好的可扩展性；③除了语义标注外，该数据提供了相机曝光和内参标定信息，并且计算了影像序列中每一帧的三维相机姿态信息；④CamVid 数据集制作团队同时提供了标注软件，该软件同时可用于其他同类型数据的标注。但同时值得注意的是，该数据集中仍有少量数据标注有误。

3) Vaihingen 数据集

Vaihingen 数据集(Rottensteiner et al., 2012)是由国际摄影测量与遥感组织(ISPRS)制作的遥感影像数据集，该数据集由 33 张影像构成，平均影像大小为 2000×2500 像素，共包含 6 个类别信息(不透水面，建筑物，低矮植被，树木以及车辆)，其中 16 张影像是全幅标注影像，影像的 GSD 为 9cm。该数据集不提供测试影像真值标注数据，需要将测试结果发送至官方所提供邮箱 m.gerke@tu-bs.de 进行测试。图 2.22 是 Vaihingen 数据集采集区域的缩略图，该区域影像真实大小为 1.23GB。

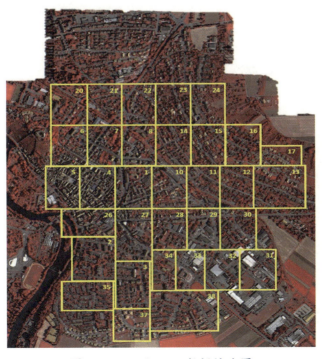

图 2.22　Vaihingen 数据缩略图

4) EVLab-SS 数据集

EVLab-SS 数据集 (Zhang et al., 2017) 是由武汉大学遥感信息工程学院地球视觉实验室 (earth vision laboratory) 制作的, 用于评价在遥感影像真实工程场景下语义分割网络的性能, 其目的是寻找到适用于遥感领域像素级分类 (语义分割) 任务的深度学习结构和方法。数据集来源于国家地理国情普查项目 (2014), 严格按照地理国情普查第一大类标准制作, 在政策允许范围内, 去掉地理坐标后发布的一套语义分割数据集。影像的平均大小为 4500×4500 像素。EVLab-SS 数据集包括 11 种主要类别, 即背景、耕地、园地、林地、草地、建筑物、挖掘地、道路、构筑物、裸地以及水域等。目前包含由不同平台获取的 60 幅影像, 其中包含 35 幅卫星影像与 25 幅航空影像。在卫星影像中, 包括 19 幅重采样分辨率 0.2m 的 World-View-2 影像 (Immitzer et al., 2012); 5 幅重采样分辨率 0.5m 的 GeoEye 影像 (Dribault et al., 2012); 6 幅重采样分辨率为 1m 的 GF-2 卫星影像; 5 幅重采样分辨率为 2m 的 QuickBird 影像 (Onojeghuo et al., 2011)。25 幅航空影像中, 10 张空间分辨率为 0.25m, 其余 15 张空间分辨率为 0.1m。图 2.23 是 EVLab-SS 数据集缩略图, 其由不同分辨率航空卫星影像构成。

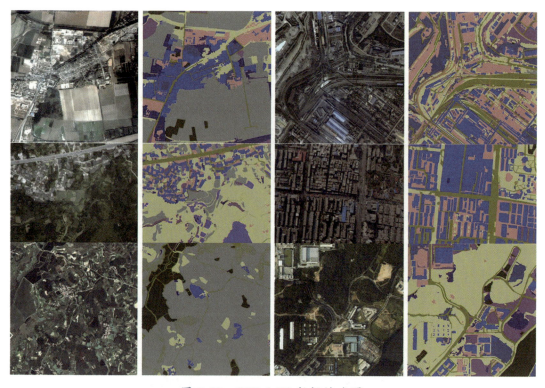

图 2.23　EVLab-SS 数据缩略图

2. 实验方法

将上一节提到的四种数据分为两组，PASCAL VOC 与 CamVid 构成一组，用于比较室内/室外条件下语义分割结果性能，目的是从中找到和验证适于遥感影像实际应用处理的策略；Vaihingen 与 EVLab-SS 数据则归为另一组，用于验证遥感影像上 DMSMR 网络的性能。上面两组中，PASCAL VOC 与 Vaihingen 数据的评定结果由第三方测试得出，公开结果可以分别在 PASCAL VOC 测试网站与 ISPRS 2D semantic labelling 网站上获取。而 CamVid 与 EVLab-SS 数据集的作用在于对 DMSMR 结构中所采取的各种策略进行系统分析和比较，具体包括多尺度卷积策略(MS)、合适感受野策略(Dilated)、流形排序优化策略(MR-Opti)等。

图 2.24 是实验中各种策略对比的网络结构：图 2.24(a)为不使用任何策略的卷积神经网络(Before)；图 2.24(b)为采用多尺度策略的网络(MS)；图 2.24(c)为使用扩张卷积方法的网络(Dilated)；图 2.24(d)为使用流形排序优化的网络结构(MR-Opti)。

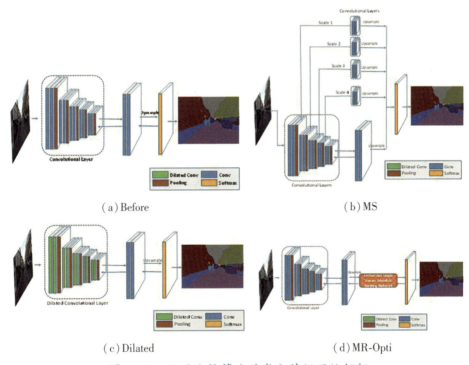

图 2.24 不同比较策略的卷积神经网络框架

3. 基于室内/室外影像流形排序的语义分割结果分析

作为高分辨率影像的一种，室内/室外影像具有丰富的细节信息，已在众多遥感领域的研究中取得了突破(Tschannen et al., 2017; Marmanis et al., 2016; Kampffmeyer et al., 2016; Piramanayagam et al., 2016; Audebert et al., 2016; Jacobsen, 2005),这些研究普遍采用室内/室外的这种预训练模型作为初始化方式。本书采用 PASCAL VOC 和 CamVid 两种室内/室外影像数据来验证本书方法的可行性。其中,PASCAL VOC 数据测试是目前室内/室外影像语义分割方法性能测试的"黄金法则";而 CamVid 数据集由少量训练样本组成,非常适于对比分析采用不同策略对网络结构内部可靠性的影响。

1) PASCAL VOC 数据集

在 PASCAL VOC 2012 数据集的实验中,将训练数据集像 DeepLab 模型(Chen, L C, et al., 2016)的预处理方法一样缩放至 321×321 像素,测试时将测试结果远程提交至测试服务器评估。评价准则采用标准的平均交并比(mIoU)评定。在 DMSMR 模型训练过程中,初始学习率、动量和权重衰减系数分别设置为 1×10^{-9}、0.9 与 5×10^{-4}。其中,动量和学习率是参考 FCN 框架(Long et al., 2015)建议值;学习率使用交叉验证方法得到。平滑项的初始化系数 α 和 β 分别设置为 3 与 5。小批量(mini-batch)大小设置为 8,经过 60000 次迭代后,DMSMR 模型收敛。

在 PASCAL VOC 2012 数据集上,已有大量的方法做了测试且获得了很高的精度。然而,由于额外方法的辅助,例如 CRF 后处理(Chen et al., 2016)、额外的候选区域(Noh et al., 2015)、多阶段推估(Zheng et al., 2015),以其他数据集(如 MS-COCO)预训练模型(Lin et al., 2014)等,正如 Kendall 等(Badrinarayanan et al., 2017)所描述的那样,"模型变得越加复杂化,无法揭示出深度网络结构真正的性能"。本书方法在 PASCAL VOC 数据集上进行测试的目的,并非为了使用这些额外的辅助措施来增加网络复杂度以获取更高的分数,而是为了使用上文提到多尺度、合适感受野以及流形排序优化来从 DCNN 网络内部结构来真正提升网络性能。多尺度策略可以通过 DCNN 池化操作隐含获取;合适的感受野通过构建"扩张-非扩张"对偶卷积层得到;而前馈形式进行反向传播的流形排序优化方法,可以使得网络获取最优解而无需多阶段近似推估,并且可以采用"端对端"的形式完成训练。

图 2.25 展示了一些相关模型的结果,表 2.6 则提供了这些方法的比较分析,所选方法均具备地应用于遥感影像处理的潜力。从图 2.25 中可以看出,单一的策略(如 DeepLab-Msc)并不能得到最优结果;此外,多阶段优化方法(如 FCN-8s)有可能造成边缘精度损失,且不能融入足够多的空间上下文信息。在表 2.6 中,我们选择列举的模型而非得分较高的那些模型,原因有三点:①所选模型应尽量少地使用额外辅助信息。额外辅助信息容易隐藏网络结构真实性能,不易于将这些方法迁移到遥感影像处理问题上。而表中列举的一些方法,比如 FCN-8s(Long et al., 2015)、DeconvNet(Noh et al., 2015)、SegNet(Badrinarayanan et al., 2017)等,已经成功地应用于遥感影像处理方面。②所选的方法必

须在 PASCAL VOC 测试服务器进行测试，并且方法没有出现重复。像 DeepLab（Chen et al.，2016）、CRF-RCNN（Zheng et al.，2015）、DilatedConv（Yu et al.，2015）、G-CRF（Vemulapalli et al.，2016）等 PASCAL VOC 2012 语义分割数据集上里程碑式的方法，能满足该条件。③模型不能太大，训练时间不能过长。对于遥感影像处理，其像幅远大于室内/室外影像，如果模型过大，处理影像的速度将显著降低，无法满足实际生产需求。近期的一些模型，如 RefineNet（Lin et al.，2017）采用了 ResNet-101 结构，可能导致 GPU 消耗太大，此外还需要 MS-COCO 数据集作为额外的预训练数据。然而，在遥感领域，目前并没有大规模公开的语义分割数据集供训练使用。

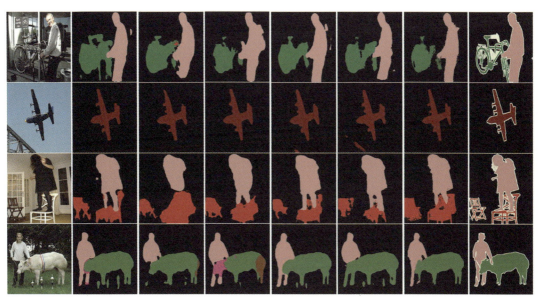

(a) Input　(b) SegNet　(c) FCN-8s　(d) DeepLab-Msc　(e) DilatedConv　(f) DeconvNet　(g) DMSMR　(h) GT

图 2.25　PASCAL VOC 数据上部分实验结果：GT 指真值

在表 2.6 中，本书提出的 DMSMR 模型相较于同样无需多种辅助策略的方法 SegNet，mIoU 精度超出了近 12%。这是因为 DMSMR 融合了扩张卷积、多尺度策略，是多种方法如 SegNet、扩张卷积网络、DeepLab-Msc 方法的综合体。与 CRF-RNN，G-CRF 相比，本书方法通过"端对端"多标签流形排序方法，获取了与其结果相当的精度，但本书方法不需要多阶段推估或者将能量项中的数据项与平滑项分开训练。例如 G-CRF 方法虽然 mIoU 指标比本书方法只高出了近 1%，但在训练过程中，该方法的数据项（unary term）必须首先从其 DeepLab 训练的模型中训练得到，然后加入平滑项再进行训练。这种多次训练的过程本身就是一个精度浮动的过程，对于遥感影像处理而言，多个阶段训练意味着训练模型的增大和时间的延长，从实用化的角度是不可取的。进一步地，诸如 DeepLab-Msc 模型，结果并没有达到最优化的程度，这是因为其预训练模型中未将其他因素，如空间上下文、感受野等考虑在内。

表2.6　　　　　　　　　　PASCAL VOC 2012 数据集上结果对比

	SegNet	FCN-8s	DeepLab-Msc	DilatedConv	DeconvNet+CRF	CRF-RNN	DMSMR	G-CRF
特点	无需多种辅助策略	多阶段学习	VGG-16预训练模型初始化	VGG-16预训练模型初始化	额外区域候选区域辅助	多阶段学习	无需多种辅助策略	额外训练做初始化
飞机(aeroplane)	73.6	76.8	74.9	82.2	**87.8**	87.5	87.6	85.2
自行车(bicycle)	37.6	34.2	34.1	37.4	41.9	39.0	40.3	**43.9**
鸟(bird)	62.0	68.9	72.6	72.7	80.6	79.7	80.6	**83.3**
船(boat)	46.8	49.4	52.9	57.1	63.9	64.2	62.9	**65.2**
瓶子(bottle)	58.6	60.3	61.0	62.7	67.2	68.3	71.3	68.3
公共汽车(bus)	79.1	75.3	77.9	82.8	88.1	87.6	88.1	**89.0**
汽车(car)	70.1	74.7	73.0	77.8	78.4	80.8	84.4	82.7
猫(cat)	65.4	77.6	73.7	78.9	81.3	84.4	84.7	**85.3**
椅子(chair)	23.6	21.4	26.4	28.0	25.9	30.4	29.6	**31.1**
牛(cow)	60.4	62.5	62.2	70.0	73.1	78.2	77.8	**79.5**
餐桌(dining table)	45.6	46.8	49.3	51.6	61.2	60.4	58.5	**63.3**
狗(dog)	61.8	71.8	68.4	73.1	72.0	**80.5**	79.9	80.5
马(house)	63.5	63.9	64.1	72.8	77.0	77.8	**80.9**	79.3
摩托车(motorbike)	75.3	76.5	74.0	81.5	79.9	83.1	85.4	**85.5**
人(person)	74.9	73.9	75.0	79.1	78.7	80.6	**82.1**	81.0
盆栽植物(pottedplant)	42.6	45.2	51.7	56.6	59.5	59.5	54.9	**60.5**
羊(sheep)	63.7	72.4	72.7	77.1	78.3	82.8	83.8	**85.5**
沙发(sofa)	42.5	37.4	42.5	49.9	55.0	47.8	48.2	52.0
火车(train)	67.8	70.9	67.2	75.3	75.2	78.3	**80.2**	77.3
电视显示器(tvmonitor)	52.7	55.1	55.7	60.9	61.5	67.1	**65.3**	65.1
mIoU/%	59.9	62.2	62.9	67.6	70.5	72.0	72.4	**73.2**

2.3 基于多尺度流形排序的语义分割

2）CamVid 数据集

在训练时，CamVid 数据集参数设置如下：学习率、动量和权重衰减系数分别设置为 1×10^{-3}、0.9 和 5×10^{-4}。其中，动量与权重衰减系数采用 FCNs 框架中建议值，学习率通过交叉验证确定。网络训练的输入影像大小采用默认的 640×480 像素，mini-batch 大小设置为 2。通过交叉验证，平滑项的初始化系数 α 和 β 分别设置为 3 与 5，经过 40000 次迭代网络收敛。

在实验过程中，我们采用目标边界缓冲区（Arnab et al., 2016）的平均交并比（mIoU）作为指标，以在 CamVid 数据集上对比 DMSMR 网络采用策略的性能。精度随边界缓冲区变化情况见图 2.26，实验部分结果如图 2.27 所示。DMSMR 方法与 2.3.9 小节中描述的其他各种结构对比结果见表 2.7。如图 2.26(a) 所示，在 CamVid 数据上考虑一个边界两边很窄的带状区域，也就是 3 分图（trimap）边界（Kohli et al., 2009）。三分图将影像划分为前景、背景和未知区 3 个区域。图 2.26(b) 展示了边界精度随着三分图宽度变化情况。在实验过程中，不同模型均采用 DMSMR 模型相同的参数初始化方法。图中比较了 2.3.9 小节中提到的 MS、Dilated、MR-Opti，以及未融合多策略优化的网络（Before）。显然，在数据集颜色和纹理比较一致的情况下，MS 和 Dilated 方法能提升网络性能。此外，从表 2.7 中可以看出，MR-Opti 方法比 MS 与 Dilated 方法性能高出了近 2.5%，这是因为 MR-Opti 方法在优化过程中考虑了更多的空间上下文信息。实验结果表明，结合 MS、Dilated、MR-Opti 策略在语义分割任务上会取得更好的结果。从图 2.26 中的曲线可以看出，通过增加边界像素将会有助于刻画目标，这是由于边界平滑项能量增加所导致的。进一步地，从表 2.7 中可以发现，与采用单一策略的方法相比 DMSMR 方法精度更高。这也证明，多策略结合方法在语义分割任务上的性能是最优的，具有应用于遥感影像语义分类的潜力。

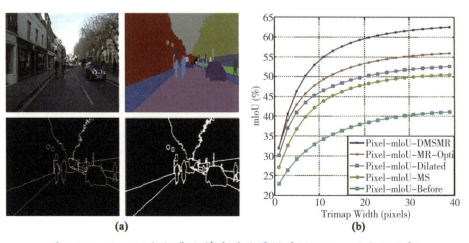

图 2.26　Camvid 数据集上精度随边界缓冲区（Trimap）变化分析

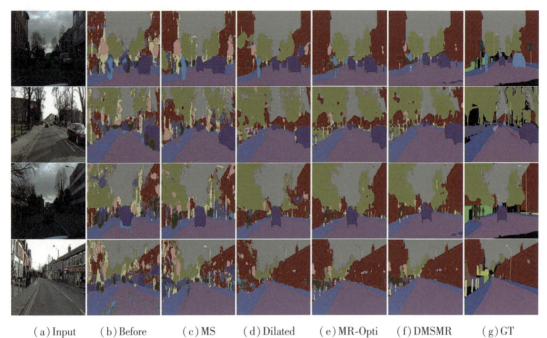

(a) Input　　(b) Before　　(c) MS　　(d) Dilated　　(e) MR-Opti　　(f) DMSMR　　(g) GT

图 2.27　CamVid 数据集上语义分割部分结果；GT 指真值

表 2.7　　　　　　　　　　　　**CamVid 数据集上结果对比**

	Before	MS	Dilated	MR-Opti	DMSMR
建筑物(building)	45.5	81.4	59.8	90.6	**93.1**
树木(tree)	73.5	88.1	82.8	**95.1**	94.5
天空(sky)	78.0	80.3	79.5	74.6	**82.9**
汽车(car)	23.7	40.1	29.0	**94.6**	92.7
标志(sign)	14.5	16.3	19.4	21.9	**45.5**
道路(road)	87.2	95.6	91.0	**98.2**	97.4
行人(pedestrian)	11.3	26.2	17.5	53.1	**72.5**
围墙(fence)	36.9	40.0	48.0	64.3	**77.2**
杆(pole)	2.5	3.7	6.7	**9.8**	7.2
行人道(sidewalk)	74.3	82.0	81.2	92.6	**94.5**
自行车(bicyclist)	13.1	37.4	44.7	42.1	**68.9**
mIoU	41.9%	53.7%	50.9%	54.8%	**63.2%**

2.3 基于多尺度流形排序的语义分割

4. 基于高分辨率遥感影像流形排序的语义分割结果分析

与计算机视觉领域常用的室内/室外影像相比，高分辨率遥感影像呈现出一些不同的特性。首先，高分辨率遥感影像的像幅非常大，而且可能包含着丰富的空间上下文信息，例如一条道路很有可能穿越整个影像画面。其次，训练数据集中目标的空间尺度有可能会发生巨大的变化，例如 GF-1 卫星影像的空间分辨率是 2.1m，QuickBird 卫星影像空间分辨率 0.6m。在后续的实验中，将采用两种不同的数据集：ISPRS 2D Vaihingen 数据集和 EVLab-SS 数据集。Vaihingen 数据集的数据源是航空影像，其空间分辨率为 9cm，训练数据的颜色和纹理分布比较均衡；EVLab-SS 数据集影像来源包括航空与不同平台的高空间分辨率卫星影像，其颜色、纹理等变化很大。

1) Vaihingen 数据集

通过采用滑动窗口的方式从 Vaihingen 数据集中共获取了 2923 张切片数据，每一张大小为 480×360 像素，所有的切片数据都用于训练使用。对测试集预测完成后，通过将结果发送给数据组织者获取评定结果。训练的过程采用 SGD 迭代优化算法，mini-batch 的大小设定为 8，每一个小批量样本中都包含了随机从训练切片数据中选取的影像。实验过程中，与 PASCAL VOC 数据处理方式相同，将所有的训练影像都经过预处理缩放至大小为 321×321 像素。训练过程中，采用"poly"多项式学习策略，基准学习率设定为 $1×10^{-7}$，对应的指数设置为 0.9。动量与权重衰减系数按照 Krizhevsky 等（2012）推荐，设置为 0.9 与 $5×10^{-4}$。平滑项的初始化系数 α 和 β 分别设置为 3 与 5，经过 50000 次迭代网络收敛。

本书的 Vaihingen 数据实验结果可以在 ISPRS 官网查询，图 2.28 展示了不同方法在一些测试数据（标号为 2，4，6 和 8）上的结果。相应地，与一些方法的定量分析比较列在表 2.8 中。这组实验中，采用了 ISPRS 官网推荐的 F1 分数以及总体像素精度作为评判准则。

从图 2.28 的误差图中可以看出，使用 CRF 作为后处理的方法，例如 ADL（Paisitkriangkrai et al., 2015）和 HUST（Quang et al., 2015）的确有助于性能提升。但从图中第一行的误差图的左上角可以看出，即使使用了 CRF 后处理的方式，如果参数初始值给的不恰当，分类错误的像素仍会存在。表 2.8 中，本书与使用了额外辅助措施的方法，如 VGG-16 预训练模型（Marmanis et al., 2016；Boulch, 2015；Lin et al., 2015）、数字表面模型（DSM）（Tschannen et al., 2017；Sherrah, J, 2016；Speldekamp et al., 2015），和 CRF 后处理（Quang et al., 2015；Paisitkriangkrai et al., 2015）进行对比。同时，在表中对比了传统的基于特征的方法（Gerke M, 2015）。近期的研究结果表明，使用 DCNN 方法能有效提升语义分割精度，在表 2.8 中，不难看出本书的 DMSMR 方法在总体像素精度上与"SVL"方法相比超过近4%,在总体F1分数上超过了近6%。从表中还可以看出,虽然额外辅助措施有助于提升精度(Badrinarayanan et al.,2017;Simonyan et al.,2014),但这不是真正"分割引擎"的核心(Kendall et al.,2015)。本书方法未采用额外辅助措施,仅基于影像信息,但却达到与之相当精度。从VGG-16预训练模型微调(fine-tuned)的网络模型,如ONE(Boulch,2015)、DLR(Marmanis et al.,2016)、UOA(Lin et al.,2015)、RIT(Piramanayagam et al.,2016)等,它们的精度与本书方法相比波动很大。本书DMSMR方法总体精度只有0.1%的浮动,这一点可以从本书提交的Ano和Ano2的结果比较看出。Ano与Ano2使用同样的超参数初始化,权重与偏置项采用随机初始化。导致这一现象的主要原因在于,VGG-16预训练模型是在自然影像上训练的,它与遥感影像有着很大差异,当迁移至遥感任务时,就会表现出很大的波动。此外,VGG-16模型原本是为影像分类任务而设计的,而非语义分割任务,这两者间存在很大差异性(Yu et al.,2015)。本书中的方法,通过构建"扩张-非扩张"卷积层能有效克服这种波动幅度较大的现象。

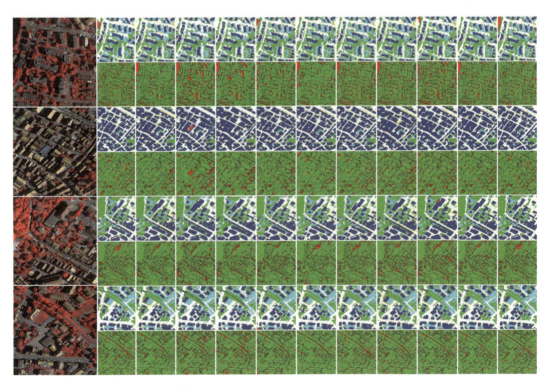

(a)Input Image (b)SVL (c)ADL (d)UT_Mev (e)HUST (f)ONE (g)DLR (h)UOA (i)RIT (j)ETH_C (k)DST (l)DMSMR

图2.28 Vaihingen数据上不同方法对比结果(红色为错误,绿色为正确)

2.3 基于多尺度流形排序的语义分割

表 2.8   Vaihingen 数据集上结果对比

方法	特点	Imp. surf.	Building	Low veg.	Tree	Car	Overall F1/%	Overall Acc/%
SVL	基于传统特征	86.1	90.9	77.6	84.9	59.9	79.8	84.7
ADL	CRF 做后处理	89.0	93.0	81.0	87.8	59.5	82.1	87.3
UT_Mev	DSM 辅助	84.3	88.7	74.5	82.0	9.9	67.8	81.8
HUST	CRF 后处理	86.9	92.0	78.3	86.9	29.0	74.6	85.9
ONE	VGG-16 预训练模型	87.8	92.0	77.8	86.2	50.7	78.9	85.9
DLR	VGG-16 预训练模型	90.3	92.3	82.5	89.5	76.3	86.1	88.5
UOA	VGG-16 预训练模型	89.8	92.1	80.4	88.2	82.0	86.5	87.6
RIT	DSM 辅助，VGG-16 预训练	88.1	93.0	80.5	87.2	41.9	78.1	86.3
ETH_C	DSM 辅助	87.2	92.0	77.5	87.1	54.5	79.6	85.9
DST	DSM 辅助	90.3	93.5	82.5	88.8	73.9	85.8	88.7
DMSMR	无需额外辅助	90.4	93.0	81.4	88.6	74.5	85.5	88.4

2) EVLab-SS 数据集

本书通过间隔为 128 像素的滑动窗口对 EVLab-SS 数据集实施切割，进而生成用于训练的数据集。在实验过程中，一共得到 48622 张切片数据，每一张大小为 640×480 像素。对于验证集，采用同样的方法生成了 13539 张切片数据。值得注意的是，验证集中没有园地这一类别，其目的是验证 DCNN 在实际场景出现目标缺失情况下的性能表现。在训练环节，采用 SGD 作为优化方法，每一个训练样本都被放缩至 321×321 像素大小，且 mini-batch 大小设置为 12，训练过程中小批量样本从训练数据随机选取。本书采用"poly"多项式学习策略，基准学习率设定为 $1×10^{-7}$，对应的指数设置为 0.9。动量与权重衰减系数按照 Krizhevsky 等（Krizhevsky et al., 2012）推荐，设置为 0.9 与 $5×10^{-4}$。平滑项的初始化系数 α 和 β 分别设置为 3 与 5，经过 70000 次迭代网络收敛。

图 2.29 展示了验证集上使用不同方法的结果；图 2.30 呈现了不同策略下精度随三分图带宽变化的情况；表 2.9 给出了多种策略方法的定量评价结果。在实验过程中，采用边界的 mIoU 指标来验证本书方法的有效性。图 2.29 中，第一行和第二行分别为 GeoEye 影像与 World-View-2 影像，重采样 GSD 分别为 0.25m 与 0.1m；第三行和第四行是重采样 GSD 分别为 0.25m 与 0.1m 的航空影像。图 2.30(a)是 EVLab-SS 数据上三分图的情况，左上角是源影像，右上角是真值标注，左下角与右下角分别为带宽是 1 与 3 个像素的三分图。

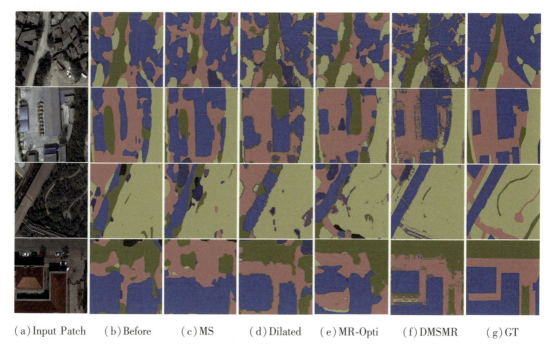

(a) Input Patch　　(b) Before　　(c) MS　　(d) Dilated　　(e) MR-Opti　　(f) DMSMR　　(g) GT

图 2.29　EVLab-SS 数据集上语义分割部分结果；GT 指真值

表 2.9　　EVLab-SS 数据集上结果对比

	Before	MS	Dilated	MR-Opti	DMSMR
背景(background)	75.16	75.73	40.59	**79.44**	40.59
农田(farmland)	35.73	**39.36**	29.18	20.52	22.14
花园(garden)	0.0	0.0	0.0	0.0	0.0
林地(woodland)	51.56	49.33	46.48	57.84	**62.47**
草地(grassland)	8.99	**11.89**	11.36	2.95	8.11
建筑物(building)	66.59	65.85	61.74	**74.29**	68.84
道路(road)	35.12	32.80	**40.46**	28.96	39.80
构筑物(structures)	46.19	46.94	42.54	49.60	**51.06**
挖掘堆(diggingPile)	**19.05**	12.91	18.10	17.55	14.56
沙漠(desert)	3.56	**16.69**	11.57	0.10	16.52
水体(waters)	3.13	5.87	**19.84**	0.99	19.45
总体精度(overall accuracy)	49.76	48.93	46.8	53.51	**54.15**
mIoU/%	21.35	21.42	19.03	21.85	**22.17**

2.3 基于多尺度流形排序的语义分割

与 ISPRS Vaihingen 数据集相比，EVLab-SS 语义分割数据在目标形状、颜色以及纹理方面都有显著差异，此外 EVLab-SS 影像由不同传感器获取，空间分辨率变化也较大，例如房屋、道路及其他类别都不是同一尺度下的，数据集更贴近实际应用，同时也带来较大挑战性。从图 2.29 可以看出，使用 DMSMR 方法可以更好描绘出目标边界轮廓信息。这也证明联合使用 MS、Dilated 以及 MR-Opti 策略的优越性在于能有效抑制空间分辨率变化对结果的影响。图 2.30 表明，尽管 DMSMR 方法在三分图(trimap)带宽较小时 mIoU 较低，但是随着带宽增加，精度会逐步上升并趋于稳定。与 DMSMR 相比，MS、Dilated 和 MR-Opti 策略不够稳定，局部甚至会出现精度降低的情形(图 2.30(b)中的拐点处)。导致这一现象的原因是单一方法未将 EVLab-SS 数据集的训练样本空间分辨率不一致的因素考虑在内。在表 2.9 中，一个特殊类别(园地)被所有方法检出率为 0.0%，这表明所使用的方法能很好保持 DCNN 内部结构特性。对于实际生产中的遥感数据来说，Dilated 方法在总体精度与 mIoU 指标上分别降低了近 3.0% 与 2.3%，并没有使性能增强。主要原因归结于训练样本中目标的不一致性。例如，房屋、道路等在单一训练样本中没有完全被涵盖，这使得某些层中的"扩张卷积"操作毫无意义。尽管 MR-Opti 方法能提升总体精度近 4%，但该方法可能会忽略一些类别，比如裸地(desert)与水域(waters)。这是由亮度和色调变化导致空间上下文信息不足所引起的。即使是采用了 MS 方法来保留空间尺度信息，但每一个尺度下优化信息仍不足，表现出来是总体精度下降了近 0.8%。显然，DMSMR 方法可以有效结合这些方法的优势，使之相互补充。在训练样本有限和空间分辨率变化较大的条件下，总体精度与 mIoU 指标分别提升近 5% 和 1%。

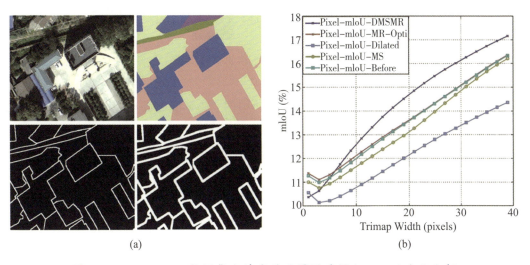

图 2.30　EVLab-SS 数据集上精度随边界缓冲区(Trimap)变化分析

2.4 基于旋转不变目标辅助的语义分割

2.4.1 深度网络旋转不变结构设计

DCNN 框架已经具备了一定的平移和尺度不变性，但旋转不变性仍有待加强。图 2.31 展示了使用 CaffeNet(Jia et al.，2014)对模型做训练后网络卷积核可视化的结果。从图中可以看出，训练得到的卷积核有很强的方向性，同时也存在很大的冗余，部分卷积核实际上可以通过其他方向性卷积核组合得到。卷积操作的实质是对卷积核特征进行线性组合的过程，因此，DCNN 旋转不变性结构的设计本质是构建具有旋转不变性的卷积核。

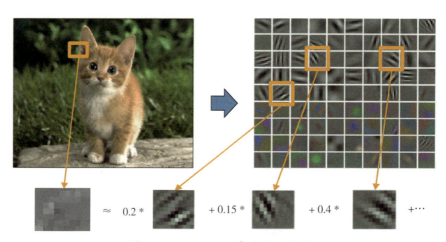

图 2.31 CaffeNet 卷积核可视化

基于上述思路，本书考虑到传统特征设计中的 Gabor 滤波器，该滤波器同时兼具方向、尺度等参数变化。通过调整这些参数，可以模拟出卷积核方向性。具体而言，将卷积核分解成若干个具有不同参数的 Gabor 滤波器的组合，就可以刻画出卷积网络的旋转不变性。这一过程包括四个方面：①特征方向扩张(feature expand)，通过角度变换，将输入特征旋转至不同方向上；②卷积核分解，针对不同方向上的特征对应的卷积核，使用 Gabor 滤波器组合的方式来优化每个方向上的方向特性；③特征方向规划(feature align)，对每一个方向上的特征实施规划操作(Align)，将其旋转规划至未进行方向扩张前的特征初始方向上，并选取各个方向最大响应值作为最终的输出特征，以此完成不变性的刻画；④目标主方向的损失函数设计，用于对具有旋转目标的主方向进行估计，从而得到位置回归损失。

2.4.2 输入特征方向扩张

假设输入的特征为 X，对特征做旋转操作 $R \cdot X$ 后，再做卷积运算 $W * R \cdot X$，其中 R 是旋转矩阵，W 为权重矩阵，那么，上述操作等价于对权重矩阵做旋转操作 $R \cdot W$ 后，再进行卷积运算 $(R \cdot W) * X$，而权重矩阵 W 的旋转，实际上就是卷积核在不同方向上的扩张。卷积核旋转扩张的编码准则如图 2.32(a) 所示，按照逆时针进行，图 2.32(b) 是对输入特征经过旋转卷积核操作来得到输入特征在不同方向上的编码，实现输入特征方向扩张。

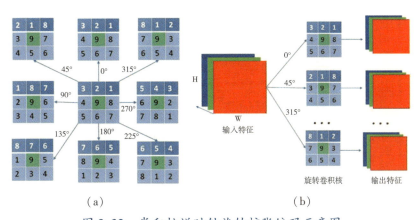

图 2.32 卷积核逆时针旋转扩张编码示意图

2.4.3 卷积核分解

经过卷积核方向扩张编码，输入特征已经具备方向性，但每个方向上卷积核（组）仍有冗余，因此需要进一步使用卷积核分解的方法来优化方向性。本书选择使用前文描述的 Gabor 卷积核来作为方向性优化的基底，通过调整 Gabor 核参数，将卷积核形成一组具有方向性的基底，通过这些基底来优化学习每一个方向上的特征。假设角度为 θ 的方向权重为 W^θ，相应地一组 Gabor 基底为 $[g_{\theta_1}, g_{\theta_2}, \cdots, g_{\theta_N}]$，那么卷积核分解的过程，可以表示为

$$W^\theta = w_1 g_{\theta_1} + w_2 g_{\theta_2} + \cdots + w_N g_{\theta_N} = \sum_{i=1}^{N} w_i g_{\theta_i} \tag{2-26}$$

式(2-26)表示卷积核分解成为多个方向，并以 Gabor 核为线性组合的基底，其中 N 为

Gabor 核的个数，在卷积层中作为参数指定，g_{θ_i} 表示将卷积核分解到第 i 个方向上，w_i 表示卷积核线性组合的系数，初始化为 $\frac{1}{N}$。

2.4.4 特征方向规划

经过方向扩张与卷积核分解两个步骤后，DCNN 网络已经具备一定的方向表征能力。然而，要实现旋转不变性，就需要将各个方向输出的特征规划到未旋转之前的方向上，这个过程是 DCNN 特征实现旋转不变的关键所在，具体包括以下两个方面：①各个方向特征按照顺时针编码规则（图 2.33）规划到未旋转之前的方向上；②规划后的特征通过最大池化操作，实现降维的目的。

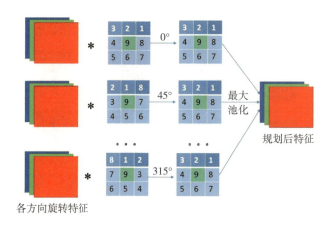

图 2.33 特征方向规划示意图

这个过程也可以看作是解码还原的过程，假设输入特征编码的方向为 θ，二维平面上权重分量分别为 $W = [w_u, w_v]^T$，那么对于该方向来说，解码的过程，就是编码旋转矩阵 $R(\theta)$ 的逆过程，即

$$W^{-1} = R^{-1}(\theta) \cdot W = \begin{bmatrix} \cos(\theta) & \sin(\theta) \\ -\sin(\theta) & \cos(\theta) \end{bmatrix} \cdot \begin{bmatrix} w_u \\ w_v \end{bmatrix} \quad (2\text{-}27)$$

式中，W^{-1} 为方向规划后的权重，适用于任意方向的解码过程。各个方向上得到的解码后的权重 $W_{\theta_i}^{-1}$ 对各个方向上输入特征 I_{in}^i 做卷积操作，最终规划后降维结果如下：

$$I_{\max}^{-1} = \max\{W_{\theta_i}^{-1} * I_{in}^i\} \, (i = 0, \cdots, N) \quad (2\text{-}28)$$

$I_{\max}^{-1}$ 即为最终旋转不变网络的输出特征，可以作为目标主方向估计的输入，使目标方向性估计更鲁棒。

2.4.5 顾及目标主方向的损失函数设计

DCNN 框架下，无论采用何种目标检测方法，其损失函数主要包括两个方面：位置（或者位置偏移）回归损失和类别预测损失。位置回归损失主要用于衡量参数化的预测位置 l 与真实位置 g 之间的差异；类别预测损失用于衡量目标预测种类信息与真实种类信息之间的异同。假设 $x_{ij}^p = \{0, 1\}$ 是第 i 个旋转外接矩形与第 j 个真值旋转外接矩形属于类别 p 的指示标记，那么上述两项损失，可以表述为

$$\mathcal{L}^r(x, c, l, g) = \frac{1}{N}(\mathcal{L}_c^r(x, c) + \alpha \mathcal{L}_b^r(x, l, g)) \tag{2-29}$$

式中，N 为旋转外接矩形与真实旋转外接矩形相匹配的个数。$\mathcal{L}_c^r(x, c)$ 为类别预测损失，表达式如下：

$$\mathcal{L}_c^r(x, c) = -\sum_{i \in \text{Pos}}^N x_{ij}^p \log(C_i^p) - \sum_{i \in \text{Neg}} \log(C_i^0) \tag{2-30}$$

式中，p_i 为预测的第 i 外接矩形内目标的概率值，通过 softmax 函数计算得到。式(2-29)中 $\mathcal{L}_b^r(x, l, g)$ 表示参数化的预测旋转外接矩形正样例与真实旋转外接矩形之间的损失：

$$\mathcal{L}_b^r(x, l, g) = \sum_{i \in \text{Pos}}^N \sum_{m \in \{cx, cy, w, h\}} x_{ij}^k S_{L1}(l_i^m - g_j^m), \tag{2-31}$$

式中，m 代表旋转外接矩形的参数 $\{cx, cy, w, h\}$，(cx, cy) 表示旋转外接矩形的中心点坐标，(w, h) 表示旋转外接矩形的宽和高，S_{L1} 表示 L_1 距离，用于衡量参量的相似程度。

通过式(2-29)已经可以描述目标检测框架下的两个重要损失函数之间的关系，但对有方向性的目标主方向估计，仍然缺少相应的损失函数。因此，本书提出第三种损失函数方向性回归损失，用于评估特定目标方向性偏差。具体表达式如下：

$$\mathcal{L}_o^r(x, l_o, g_o) = \sum_{i \in \text{Pos}}^N \sum_{n \in \theta} x_{ij}^k S_{L1}(l_i^n - g_j^n) \tag{2-32}$$

式中，参数 θ 为旋转角度，具体地，

$$S_{L1}(l_i^n - g_j^n) = \begin{cases} 0.5(l_i^n - g_j^n)^2 & if |l_i^n - g_j^n| < 1 \\ |l_i^n - g_j^n| - 0.5 & \text{otherwise} \end{cases} \tag{2-33}$$

式中，角度预测值函数 l_i^n 与真实值函数 g_j^n 的差值用指数形式表示：

$$l_i^n - g_j^n = e^{\|\theta_i - \theta_j\|^2}, \tag{2-34}$$

式中，θ_i 为角度预测值；θ_j 为角度真值。综合式(2-32)、式(2-32)与式(2-33)，得到最终顾及目标主方向的目标检测损失函数表达式为

$$\mathcal{L}^r(x, c, l, g) = \frac{1}{N}(\mathcal{L}_c^r(x, c) + \alpha \mathcal{L}_b^r(x, l, g) + \gamma \mathcal{L}_o^r(x, l_o, g_o)) \tag{2-35}$$

在实验中，式(2-35)中的调整参数 α 与 γ 经过交叉验证，设置为 1。

2.4.6 旋转不变目标检测网络结构设计

综合 2.4.2 小节~2.4.5 小节内容，最终设计的旋转不变目标检测网络结构如图 2.34 所示。该结构主要包括以下四部分：①输入特征扩张。此部分用于将影像的特征变换到各个方向上，实现输入特征的顺时针方向性编码。②Gabor 卷积核方向性增强。在各个方向上，采用 Gabor 滤波器的线性组合对卷积核分解，从而实现方向特征的鲁棒表征。③特征规划。各个方向特征经逆时针解码后，得到与原始输入特征方向相同的特征，然后经过池化降维，获取规划后特征集。④旋转目标的主方向估计。通过类别回归损失、方向回归损失以及位置回归损失三种函数共同构成目标损失函数，进而得到旋转目标的主方向信息，使检测结果更符合主观感受。

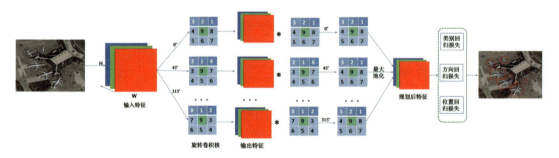

图 2.34 旋转不变目标检测网络结构

2.4.7 旋转不变目标辅助语义分割策略选择

当获取目标的外接旋转矩形后，可以通过两种方式实现语义分割结果的辅助融合，即级联式辅助和加权融合式辅助。图 2.35 展示了使用两种不同辅助策略得到的融合结果示意图。其中，图 2.35(b)列表示两种辅助策略，图 2.35(c)列表示相应的辅助掩膜。图中第一行是使用级联式辅助语义分割方法示意图，第二行为加权融合辅助方式示意图。级联式辅助方法首先需要获取目标的外接旋转矩形，然后构成相应的掩膜。通过掩膜限制语义分割方法，从而得到融合结果。而加权融合辅助方式使用外接旋转矩形与语义分割结果（图 2.35(b)中飞机呈现绿色部分），共同构成辅助掩膜，采用条件随机场(CRF)加权融合的方式得到目标最优语义分割结果。相比之下，加权融合辅助的方式通过合理增加掩膜的范围，可以有效避免目标融合优化过程中的漏检问题。基于上述考虑，本书采用条件随机场加权融合的方式来辅助语义分割结果,具体融合方法在下一节介绍。

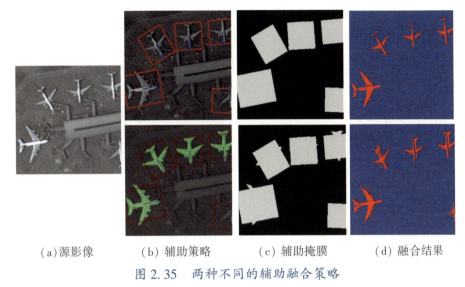

(a) 源影像　　(b) 辅助策略　　(c) 辅助掩膜　　(d) 融合结果

图 2.35　两种不同的辅助融合策略

CRF 加权辅助融合:

将辅助掩膜及其相应的源影像作为观测量 $\mathscr{P}$,其中辅助掩膜来自于语义分割与旋转目标共同构成结果,并且给定相应的目标标签集(飞机/不是飞机)信息 $\mathscr{L}$,CRF 加权辅助语义分割融合的目的是给每个观测量 $p \in \mathscr{P}$(像素)分配一个最优标签 $f_p \in \mathscr{L}$,使得所有标签 f 上构成的能量函数 $E(f)$ 最小化。CRF 能量函数 $E(f)$ 的具体表达式如下:

$$E(f) = \sum_{p \in \mathscr{P}} D_p(f_p) + \sum_{(p,q) \in \mathscr{N}} V_{p,q}(f_p, f_q) + \sum_{l \in \mathscr{L}} h_l \cdot \delta_l(f) \tag{2-36}$$

式中,第一项 $\sum_{p \in \mathscr{P}} D_p(f_p)$ 表示所有观测量上的数据项(一致项,unary term)代价;第二项 $\sum_{(p,q) \in \mathscr{N}} V_{p,q}(f_p, f_q)$ 表示所有观测量上平滑项(结对项,pairwise term)的代价;第三项 $\sum_{l \in \mathscr{L}} h_l \cdot \delta_l(f)$ 表示标签集 $\mathscr{L}$ 上标签代价的集合。

本书主要针对遥感目标的特定类别,在 CRF 能量项选择时,只选取了一致项与结对项构建能量函数。其中,一致项设计如下:

$$D(f) = \begin{cases} -\log\left(\dfrac{1 - \text{pri}}{K - 1}\right), & f > 0 \\ -\log\left(\dfrac{1}{K}\right), & \text{otherwise} \end{cases} \tag{2-37}$$

该公式表示依据旋转目标与语义分割掩膜,构成不同的先验概率值。式(2-37)中,pri 表示先验概率,K 表示标签类别数。结对项使用 Potts 模型(Krähenbühl, P and Koltun, V,

2011),具体设计如下:

$$\psi(f_i, f_j) = \exp\left(-\frac{|p_i - p_j|^2}{2\sigma^2}\right) + \exp\left(-\frac{|p_i - p_j|^2}{2\sigma_\alpha^2} - \frac{|I_i - I_j|^2}{2\sigma_\beta^2}\right) \quad (2\text{-}38)$$

式中,p_i 与 p_j 为空间邻接点位置;I_i 与 I_j 为相邻节点颜色信息;σ 为标准差,人为设定;σ_α 与 σ_β 为空间位置以及颜色信息的方差。CRF 求解时,采用 Krähenbühl P 等(2011)所提出的消息传递方法进行求解。

2.4.8 实验结果分析

1. 数据说明

前面 2.4.6 和 2.4.7 两小节,主要目的是从自然影像处理的方法中探寻适合于遥感影像处理的策略。因此,数据集在自然影像与遥感影像上均进行了对比验证。本小节实验中的旋转目标主要是针对遥感影像中的特定目标,实验的对象为遥感影像中的飞机以及房屋两种类别。数据来源包括两方面:一类是谷歌地球影像与 CCCV 2017 "遥感目标检测" 比赛提供的样本,用于飞机类型的目标检测辅助语义分割方法评估;另一类是法国国家信息与自动化研究所(INRIA)提供的语义分割数据集,在此基础上进行旋转目标标注,用于评估房屋类型的目标检测辅助语义分割方法。下面对这两组数据分别进行介绍。

1)飞机影像

飞机类型影像来源于谷歌地球截取的经每隔 30° 旋转扩充,得到 66242 张扩充影像,大小为 300×300 像素。随机选取了其中 783 张影像用于测试。另外,为了评估训练模型在真实场景的应用,使用 CCCV 2017 提供的 1000 张影像加入至测试集中,形成 1873 张测试集,其余影像作为训练集。测试集的 1873 张影像均进行旋转目标标注。考虑到实际场景中语义分割标注的影像可能较少,本实验中使用 LablMe 软件进行标注,参考 CamVid 数据集规模,仅从训练集中标注了 376 张作为语义分割训练样本,测试集中的标注 233 张作为语义分割测试样本,用于快速验证算法的可实施性。图 2.36 展示了飞机类型影像中部分标注影像,其中第一行为旋转目标标注影像,第二行为语义分割标注影像。

2)房屋影像

房屋类型影像来源于 INRIA 航空影像语义分割标注数据集,覆盖面积为 810km²,空间分辨率是 0.3m,影像平均大小为 5000×5000 像素,包括 Austin、Chicago、Kitsap County、Western Tyrol 以及 Vienna 五个区域,每个区域截取了 36 张影像,数据的存储格式为 GeoTIFF。数据有原始数据及其相应的语义分割房屋标注类别,其中训练数据共 180 张,测试数据共 180 张,但官方并未提供相应的测试数据标注信息。本书将有语义分割标注的

180 张当作本书的语义分割样本，其中 120 张用于训练，其余 60 张作为测试样本。从 180 张中标注 164 张作为旋转目标检测样本，其中 120 张用于训练，44 张用于测试。图 2.37 展示了房屋类型影像中部分标注影像，其中，第一行是旋转目标的标注，第二行是语义分割标注类型。与飞机类型相比，房屋类型更加密集，目标尺寸变化更大，颜色纹理也不尽一致。

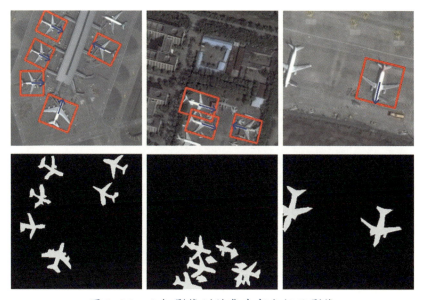

图 2.36　飞机影像训练集中部分标注影像

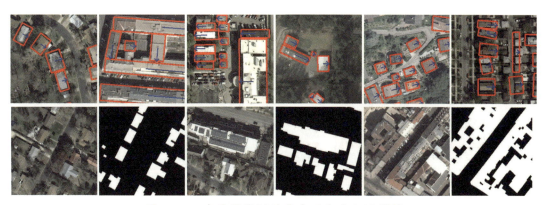

图 2.37　房屋影像训练集中的部分标注影像

2. 实验方法

本小节实验主要由两个部分组成：①旋转不变目标检测实验。用于验证本书所提出的

Gabor 卷积核分解的旋转不变目标检测及其主方向估计方法,并将其与主流方法的性能进行比较分析;②旋转不变目标辅助语义分割实验。使用第一部分得到的旋转不变目标来辅助特定类别语义分割任务,并分析在引入旋转目标辅助后的语义分割结果的精度。实验①中,采用 mAP 指标(Ren et al.,2017)以及单目标的 precison-recall(P-R)曲线来定量分析目标检测方法的精度;实验②中,使用前文提到的 mIoU 指标来评估在目标辅助条件下语义分割的整体精度。

1)旋转不变目标检测对比实验

图 2.38 展示的本书方法与其他类型目标检测方法的结构,均以 VGG-16 作为研究的基础网络结构。图中本书的方法(GaborConv)分别与 ORN(Zhou et al.,2017)、SSD(Liu et al.,2016)以及 Faster R-CNN(Ren et al.,2017)进行对比。图中,Regular 表示基础网络为常规 VGG-16 卷积网络;FRCNN 为 Faster-RCNN 的简写;ORExpand、ORCov 以及 ORPool 表示 ORN 方法中所提出的方向性描述算子;Expand 为本书的方向扩张操作;GaborConv 表示本书提出的卷积核分解方法;Align 表示特征方向规划操作;box 表示目标位置回归;conf 表示目标类别预测;ori 表示目标方向回归;RPN 为 region proposal network 缩写,表示 Faster R-CNN 区域候选框生成网络。为了衡量这些方法对目标旋转的不变性程度,本书将测试样本每隔 30°分别旋转,然后再使用各个模型在训练集上的训练得到的参数分别进行测试,得到方差值来衡量各个方法对角度旋转的浮动程度。Luan 等(2017)也提出了一种 Gabor 卷积网络,但本书方法与之有很大不同:①本书方法并不是使用 Gabor 滤波器对常规卷积后特征做加权,而是将常规卷积核看做是若干个方向上 Gabor 核的线性组合;②本书使用 Gabor 滤波器目的是增强各个方向上的不变特征,用于旋转目标不变性刻画,而不是用于整张影像的分类任务。

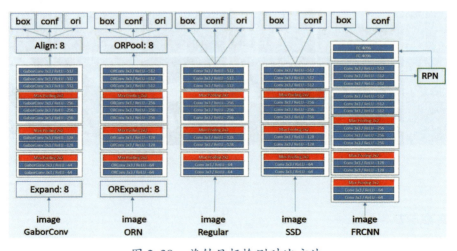

图 2.38 旋转目标检测对比方法

2.4 基于旋转不变目标辅助的语义分割

2)旋转目标辅助语义分割对比实验

本书选取了针对特定类别语义分割的 U-Net(Ronneberger et al.,2015)、HF-FCN(Zuo et al.,2016)以及 SegNet(Badrinarayanan et al.,2017)、Mask R-CNN(He et al.,2017)方法作为对比。其中,SegNet 和 Mask R-CNN 方法是既可以针对遥感影像单个类别,也可以是多个类别的语义分割方法。实验中均采用各方法的默认初始化参数进行初始化。特别的对于 Mask R-CNN 实验所需的掩膜影像,由语义分割标注影像调用 OpenCV 库函数直接生成单个目标掩膜影像。CRF 融合时,先验概率 $p=0.75$,$K=2$(前背景)。

本书提出的旋转不变目标辅助语义分割方法,实现依赖库为 Caffe(Jia et al.,2014)。旋转目标与语义分割结果融合部分,利用 DenseCRF 库(Krähenbühl et al.,2011)实现。平台为 Win7 x64,CPU 配置是 Intel I7-4790 CPU @ 3.6 GHz,GPU 配置为 GeForce GTX 1070(8 GB RAM),所涉及的源码均用 C++语言实现。

3. 基于旋转不变目标检测的实验结果分析

1)飞机影像

本书对飞机影像数据集进行裁减,得到 65369 张具有方向标注的影像作为训练集,1837 张具有方向标注的测试集。值得注意的是,测试集中选取了 CCCV 2017 组织所提供的 1000 张影像作为测试集补充,目的是检验单一类别训练过后模型的泛化能力。训练时,本书采用了"比较稳健"的 Adam 方法(Kingma,2014)作为目标损失函数迭代优化的方法。每一个训练样本保持原始的像素大小,mini-batch 大小设置为 20 以保证训练过程中 GPU 使用效率最大化。训练过程中小批量样本从训练数据随机选取,超参数的设置都是经过交叉验证得到,其中学习策略采用"step"方法,基准学习率设定为 $1×10^{-4}$,动量 1 与动量 2 参数分别设置为 0.9 与 0.999,δ 值设置为 0.001,γ 设置为 0.1,经过 140000 次迭代网络收敛。

图 2.39 是本书方法与常规外包矩形方法对比的效果图;表 2.10 是本书方法与其他近期的方法定量分析实验结果;图 2.40 是各种方法的 precision-recall(P-R)曲线,用于衡量目标检测的准确性。图 2.39 是本书方法与常规目标检测方法结果的比较,选取了有代表性的亮度、颜色等发生了较大变化的飞机目标。从图 2.39 中可以看出,常规的目标检测方法,虽然已经具备了检测出目标大致位置的特性,但在位置回归的过程中,由于亮度颜色的变化,导致目标位置回归不准确。此外,由于没有考虑方向性信息,同样一个目标可能在多个候选区域内同时出现,导致检测矩形窗口重复。从图 2.39 中还可以看出,本书的方法能很好地表征目标的主方向信息,实现目标的鲁棒检测。表 2.10 中,对比了本书 GaborConv 方法和 FRCNN、ORN、Regular、SSD 方法,表中第二列表示非极大值抑制阈值为 0.5 的条件下平均精度(AP),第三列表示 AP 随着角度变化的方差(AP_STD)。由于 SSD 方法与 YOLO v2 精度相当(Redmon et al.,2016),因此本书并未将 YOLO v2 作为对比对象。在对比过程中,均采用各方法的默认参数。从表中可以看出,融合方向性估计的方

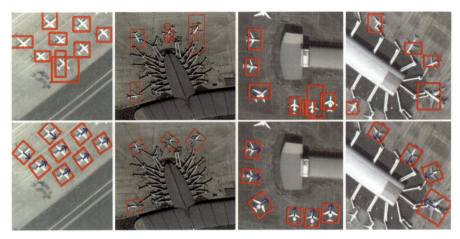

图 2.39　本书检测方法与常规方法在飞机影像上的比较

法(如 Regular、ORN 和 GaborConv)相比常规方法 FRCNN、SSD,均能取得较高的平均精度,精度约高出 6.5%,这说明,目标方向性的融入能有效提升特定目标检测的精度。ORN 的方法虽然能提升 VGG-16 网络结构性能用于表征目标的方向特征信息,比 SSD 方法精度高出 4.6%,比 FRCNN 方法精度高出 24.2%,但由于卷积核可能出现冗余,因此只取得了与采用 5×5 大小卷积核的 GaborConv 方法相当的精度。从另一个角度看,与 3×3 大小卷积核的 GaborConv 相比,卷积核尺寸过大可能会导致目标检测精度降低,这是由遥感影像的特性所决定的,只有适当的感受野,才可能提升目标特征表达性能。从表 2.10 中 AP_STD 指标可以看出,当采用较大尺寸的卷积核时,本书方法对目标旋转有着更好的适应性,能在保证较高的精度同时对目标旋转有着较小的偏差。图 2.40 的 P-R 曲线对比了上述方法。横轴的 R(recall)用于衡量算法在影像中找到目标的能力,纵轴的 P(precision)用于衡量找到目标的正确性(精准度)。从图中可以看出,Faster R-CNN 与 SSD 方法的曲线位于其他方法的下侧,这从另一方面表明,融合目标的方向特性将有助于提升目标检测鲁棒性。在图中使用 3×3 的 Gabor 卷积核效果明显优于其他方法,这说明目标检测的性能提升并不在于使用尺寸过大的卷积核,而在于是否选择了合适的卷积核组合来减少特征信息冗余。为了进一步验证目标旋转后 AP 值是否是受非极大值抑制(NMS)阈值影响,本书进一步采用 Soft-NMS 方法(Bodla et al.,2017),使用相应地线性函数对各种方法进行测试。从表中对应的 AP_Soft 值可以看出,使用 Soft-NMS 无 IoU 阈值控制,各种方法的 AP_Soft 值只提升了 1%左右,而 FRCNN、SSD 方法与其他加入方向性的方法相比,AP_Soft 值分别低了近 23%、7%。这说明通过融入方向性,能在保证较小浮动的前提下,提升特定目标检测精度。FRCNN 方法通过数据扩充的方式使得对角度旋转浮动程度为 3.27%,但其整体精度偏低。这表明数据扩充虽然能在一定程度上减缓角度旋转带来的特征抽取问题,但其对整体精度提升作用贡献较小。旋转不变性的融入是从网络结构根源上提升目标检测精度的因素。

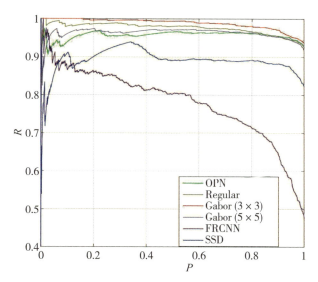

图 2.40　飞机类别目标检测方法 P-R 曲线对比

表 2.10　　　　　　　　本书方法与相关目标检测方法比较

方法	AP@0.5/%	AP_Soft/%	AP_STD/%
FRCNN	73.46	74.52	3.27
SSD	90.81	91.13	4.24
Regular	97.69	97.48	4.43
ORN	96.35	96.87	4.38
GaborConv(5×5)	96.70	96.83	3.75
GaborConv(3×3)	98.81	99.02	4.13

2）房屋影像

从原始数据裁减得到房屋影像旋转目标数据集，一共有 42257 张大小为 400×400 像素的影像，这些影像构成了训练集，另有 1647 张大小为 400×400 像素的影像，它们组成了测试集。在训练过程中，经交叉验证，采用 Adam 方法（Kingma，2014）作为目标损失函数迭代优化的方法，每一个训练样本尺寸裁减为 300×300 像素，mini-batch 大小设置为 24，训练过程中小批量样本从训练数据随机选取。学习策略采用"poly"方法，基准学习率设定为 $1×10^{-4}$，对应指数设置为 $1×10^{-4}$，动量参数设置为 0.1，权重衰减系数设置为 $5×10^{-4}$，最大迭代次数是 300000 次。

图 2.41 展示了本书方法与常规外包矩形方法在房屋影像上对比的效果图；图 2.42 是相关方法的 P-R 曲线，用于衡量目标检测的准确性；表 2.11 是定量分析实验结果。实验时，均选用各方法的默认参数作为初始化参数。与飞机类型目标不同，遥感影像中房屋目标受拍摄角度、地理位置和范围影响，会呈现出不同的形态。图 2.41 选取测试集中的四张不同地区影像做对比，显示各地区影像有较大差异。从图 2.41 可以观察到(因影像覆盖范围较大，需放大后查看检测结果)，常规目标检测方法无法将遥感影像上房屋目标，特别是具有方向性聚集类型的单体目标，视为"object"并整体进行检测，这使得很多潜在的遥感应用，如房屋单体化、矢量与影像配准等任务变得很困难。

图 2.41 本书检测方法与常规外包矩形方法在房屋影像上的比较

在图 2.42 所示的 P-R 曲线中，红色线条代表本书 GaborConv 方法所得结果，不难发现其所占面积最大，这表明本书方法有较高的精准度和查全率。相比之下，Regular 方法由于没有引入对旋转不变性的增强策略，P-R 曲线表现出较大的波动。在表 2.11 中，对于复杂场景的房屋目标检测，常规目标检测方法(如 FRCNN、SSD)性能与 ORN，GaborConv 相比，FRCN 获取了 45.62% 的 AP 值，但这是以牺牲鲁棒性为代价的，其 AP_STD 值为 12.92%，表现出加大的浮动；SSD 方法虽然检测速度较快，但对于房屋类型的复杂目标，其对方向性目标的检测仍表现出仅次于 FRCNN 的浮动，AP_STD 值为 7.78%。这说明，遥感影像上特定类型的复杂目标，需要融入方向性才能有效应对目标旋转带来的特征抽取困难问题。本书采用的 GaborConv 方法，在保证对目标方向性变化较小的浮动前提下，通过旋转不变特征获取相较 ORN 方法更高的 AP 值，有着较好的鲁棒性。另外，为了去除非极大值抑制(NMS)阈值影响，本书进一步分析了无 IoU 阈值控制的 Soft-NMS 方法。从各方法 AP_Soft 值变化情况可以看出，除了 Regular 方法外，使用 Soft-NMS 方法能使 AP 值平均提升了约 0.5%,这说明复杂建筑物情况(如包围状的建筑物)下,IoU 的 NMS 阈值选取对精度并没有明显影响,进而可以确定在 AP 方差浮动较小的情况下,网络性能的进一步提升在很大程度上是取决于网络结构中旋转不变特征的刻画。

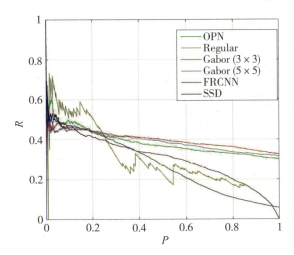

图 2.42　房屋类别目标检测方法 P-R 曲线对比

表 2.11　　　　　　　　**本书方法与相关目标检测方法比较**

方法	AP@0.5/%	AP_Soft/%	AP_STD/%
FRCNN	45.62	45.55	12.92
SSD	27.45	28.44	7.78
Regular	27.08	28.97	7.62
ORN	38.72	39.53	0.65
GaborConv(5×5)	39.26	39.65	0.55
GaborConv(3×3)	40.22	41.01	0.62

4. 基于旋转目标辅助语义的分割结果分析

1) 飞机影像

图 2.43 展示了一些相关模型的结果,表 2.12 是相关方法的定量比较。在图 2.43 中,Input Patch 表示输入的源影像切片,GT 表示真值标注。可以看出,本书融入方向性信息的模型,预测结果将保持较好的完整性,且优化后的结果与 U-Net 结果较为接近,这表明方向性信息的融合在一定程度上能缓解在特定类别上完整性缺失的问题。此外,从 U-Net,SegNet 的结果中可以看出,对称编码/解码结构虽然能增强目标完整性信息,但其仍缺少

目标的整体特性,而 Mask R-CNN 方法则保持了语义分割结果的目标特性。

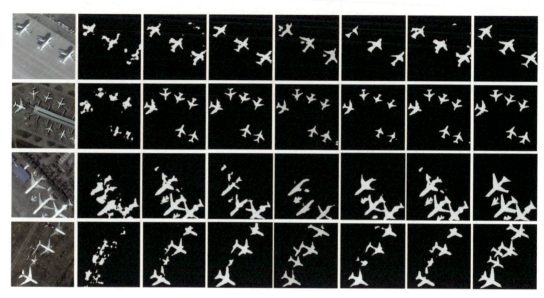

(a) Input patch (b) HF-FCN (c) U-Net (d) SegNet (e) Mask R-CNN (f) DMSMR (g) DMSMR +OriObject (h) GT

图 2.43　飞机类型部分语义分割结果

表 2.12　　　　　　飞机数据集上旋转不变目标辅助语义分割结果对比

方法	HF-FCN	U-Net	SegNet	Mask R-CNN	DMSMR	DMSMR+OriObject
mIoU/%	70.48	79.62	80.25	79.83	76.79	79.53

在表 2.12 中,"+OriObject"表示使用旋转不变目标辅助本书 DMSMR 语义分割方法。表中数据显示,当使用 CRF 加权辅助融合后,语义分割 mIoU 值提升了约 3%,这表明在语义分割任务中顾及旋转不变目标可以显著增强语义分割网络结构的鲁棒性。Mask R-CNN 方法作为一种代表性实例分割方法,在飞机影像语义分割任务上并没有获得最高精度值,其原因可能包括两方面:①训练样本较少。本书使用的飞机类别训练样本只有 376 张,在特定类别语义分割任务上,可能不足以训练拟合 ResNet 结构模型所需的参数。②模型参数初始化方式不同。Mask R-CNN 模型初始化参数源于 MS-COCO 数据集预训练模型,其分布与遥感影像存在较大差异,可能导致在遥感特定目标上得不到预期结果。本书采用的 DMSMR 方法,在未使用旋转目标辅助的情况下,mIoU 值低于 SegNet、U-Net 对称编码/解码结构,但使用旋转不变目标辅助策略后,与这两种方法获得了近似的 mIoU 值。这表明,在单类别离散目标(如飞机等)的语义分割任务上,对称编码/解码结构有较好的适应性。但这并不意味着对称结构

是特定类别语义分割任务的最佳选择,其性能方面仍需要融入更多的信息(如感受野、空间尺度、方向性等),以增强方法的鲁棒性。HF-FCN 在语义分割任务上,以 FCN 为基础结合了层级结构,在一定程度上促进了浅层和深层特征融合。但对于具有旋转性的目标,简单地使用连接组合(concat)操作并不能刻画出目标语义信息中应具备的方向性信息。相比之下,当融合目标带来的旋转不变信息后,"DMSMR+OriObject"方法的精度提升了约 3%,这表明在小样本情况下,视觉的方向选择性机制将有助于提升语义分割任务的性能。

2)房屋影像

从大幅遥感房屋影像语义分割数据集中,裁减得到的训练集包含大小为 320×320 像素的图像 52244 张,测试集则有 24819 张。图 2.44 展示了一些相关模型的结果,表 2.13 提供了相关方法的定量比较。从图 2.44 中可以看出,与 SegNet、U-Net 相比,使用 CRF 融合方向性目标信息的 DMSMR 方法保持了较好的完整性和边缘信息;而 Mask R-CNN 方法虽然能保持目标的单体化(实例化),但对于如图 2.44 第四行所示的复杂的包围型建筑物,无法得到整体语义信息。

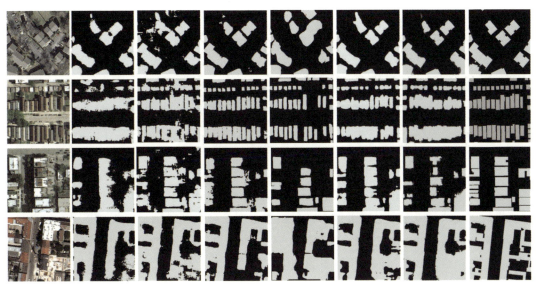

(a)Input patch　(b)HF-FCN　(c)U-Net　(d)SegNet　(e)Mask R-CNN　(f)DMSMR　(g)DMSMR+OriObject　(h)GT

图 2.44　房屋类型部分语义分割结果

在表 2.13 中,通过方向性信息融合,使 DMSMR 整体 mIoU 指标提升了约 1.6%。这表明,在训练样本充足条件下,目标的方向性特征能进一步有效辅助 DMSMR 方法,在单类别语义分割任务上提升模型精度。表 2.13 中,Mask R-CNN 方法的 mIoU 值最小,与飞机类型数据不同,这一方法在房屋类型语义分割任务上失败并非因为样本不充足,而是因为 Mask R-CNN 方法最终是以训练"实例"特征为目标造成的。本书中所使用的房屋语义分割数据虽然部分具有"实例"的特性，但很多聚集型和包围型的房屋不能构成"实例"。SegNet 和 U-Net 作为对称编码/解码结构的代表，在类似于飞机这种分散目标类型的语义分割任务上有着较好的表现。然而，对于房屋这种兼具分散、包围、聚合类型的遥感数据，其性能并不够稳定，两者基础结构相类似但 mIoU 值相差近 9%。HF-FCN 的方法考虑了浅层特征与深层特征的结合，以层级结构形式获取了高于 U-Net 近 5% 的精度。在网络结构设计过程中，本书的 DMSMR 方法考虑了诸如尺度、感受野等多种因素，因此性能相对稳定。通过 CRF 方法进一步融合方向性信息，本书方法的鲁棒性得到增强，性能与 HF-FCN 相比提升了约 7%。这充分说明，语义分割框架的设计不仅要考虑特征的层次结合，还要考虑卷积特征与方向不变特征的充分结合，使卷积网络兼顾旋转、尺度、缩放、甚至仿射不变(Xu et al., 2014；Jaderberg et al., 2015)等特性。

表 2.13　　　　　　房屋数据集上旋转不变目标辅助语义分割结果对比

方法	HF-FCN	U-Net	SegNet	Mask R-CNN	Ours	Ours+OriObject
mIoU/%	75.65	71.70	79.98	62.62	81.15	**82.74**

2.5　基于场景约束条件下的语义分割

人类视觉认知具有大范围场景优先的特点，对视觉信号刺激的处理倾向于优先加工整体信息(Glasser et al., 2016；刘明慧 等, 2014；Davis, 1979)。高分辨率遥感影像的特点是背景信息复杂，因而在遥感影像语义分割过程中，融入场景信息能优化语义分割模型、提高语义分割结果的可靠性。本章主要从三个方面来介绍语义分割任务中场景信息融合的方法：首先介绍在 DCNN 框架下场景类别信息的两种融合策略；然后从数学角度对场景信息优化模型分析建模；最后介绍场景类别与语义分割类别的均衡方法，以达到语义分割任务抑制无关场景信息干扰的目的。

2.5.1　场景类别信息的融合策略

场景类别信息，指的是在影像中某个区域所占主导地位的类别信息。如图 2.45 所示，(a)中黄色圈出来的区域，经放大后效果如(b)所示，代表城市占主导的区域场景信息。

2.5 基于场景约束条件下的语义分割

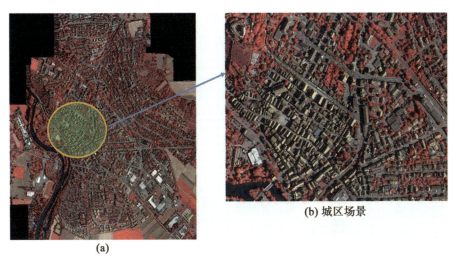

图 2.45 城区场景示意图(数据来源为 ISPRS Vaihingen 数据)

在实际遥感影像处理过程中，所期望的是能够如图 2.45 所示那样快速定位出场景类别的范围，然后再进行语义分割。但在实现的过程中，存在两方面的问题：①GPU 容量有限，大幅遥感影像只能采用分块处理的方式，使用自然影像分类的方法对遥感影像场景划分存在强的不确定性，即使采用重叠度较高的"密集窗口"采样方式来确定场景类别信息，仍然存在很大的不确定性。如图 2.46 所示，当使用分块处理方法时，混合区域场景通常

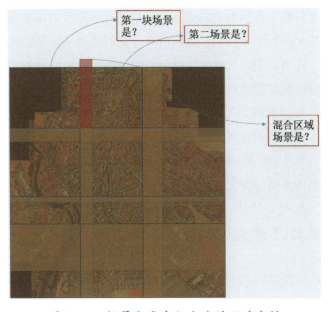

图 2.46 场景分类实际方法的不确定性

无法确定其类别信息。②场景的粒度选取问题。常见的遥感影像场景分类数据集，如 NWPS-RESISC45 场景数据集、WHU-AID 场景数据集、UCM 数据集等，使用的是更为主观的细粒度划分方法，包含 20~40 个场景影像集，这与地理国情普查实际生产所需的类别信息差别巨大，无法直接用于大幅遥感影像的语义分割任务中。基于上述考虑，在语义分割任务中，有两种场景信息融合方式，如图 2.47 所示。

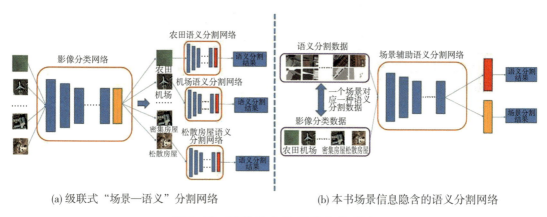

图 2.47　场景融合的两种方式对比

图 2.47(a)表示级联式"场景-语义"分割网络，其特点是首先对遥感影像进行场景分类，划分成若干个子场景，然后每个场景分别使用相同的语义分割方法，对每种子场景下的地物类别进行语义分割。这种方法的优点是可以进行细粒度的场景分类，但其缺点是每一种子场景都需要再次进行语义分割，造成语义分割网络融入场景信息时规模过大，且参数不能共享。此外，还可能出现无意义场景信息用于语义分割任务的情况，例如图中的农田类别与水域，小块区域从颜色和纹理分布上没有明显差异性，易出现类别混淆情况。图 2.47(b)展示了本书提出的场景信息隐含的语义分割网络，其特点是在语义分割网络中，影像的训练样本标签数据能推估出场景信息，从而代表了当前影像所隐藏的场景类别；通过权重参数共享机制，使得场景类别与语义分割类别信息一起提升了语义分割的性能，达到在语义分割任务中抑制无关场景信息干扰目的。

2.5.2　场景信息最大似然估计

假设变量 y 表示从像素集 x 经由 DCNN 训练得到的影像标签信息，z 表示影像块的场景标签信息，那么 DCNN 待训练参数 θ，可以由以下最大似然估计等价公式得到

$$f(x, y, z; \theta) \propto P(x)P(y|x; \theta)P(z|y; \theta) \tag{2-39}$$

2.5 基于场景约束条件下的语义分割

具体来说，去掉式（2-39）中与待训练参数 θ 无关项，可以得到最大似然估计如下的公式：

$$f(x, y, z; \theta) = \prod_{i=1}^{M} P(y_i | x; \theta) P(z | y; \theta) \qquad (2-40)$$

式中，M 为语义标签类别个等价变换；y_i 为当前所推估出的标签。两边同时取对数操作，不改变参数的极值，因此，可以等价变换为

$$J(\theta) = \log f(x, y, z; \theta) = \sum_{i=1}^{M} \log P(y_i | x; \theta) P(z | y; \theta) \qquad (2-41)$$

公式（2-41）中的参数 θ，实际上包含了场景信息与语义分割信息所需学习的两部分参数，因此，优化公式（2-41）的过程，就是求解最优场景与语义分割信息的过程。本书中，采用随机梯度下降方法（Bottou，2012）优化公式（2-41），该优化过程是一个迭代求解的过程。包括两个步骤：首先是固定场景标签先验信息 z，优化得到最佳像素标签 y；然后固定最佳像素标签 y，优化场景信息 z。两者交替迭代，获取最优语义分割结果。

2.5.3 交替迭代场景优化算法

在 2.5.2 小节中，构建了融合场景信息的语义分割最大似然估计方法，本小节具体描述了交替迭代场景优化算法。表 2-14 展示了交替迭代场景优化语义分割算法的流程，主要包括一个初始化步骤和三个迭代更新步骤。其中，初始化步骤场景信息标签 z 来源于语义分割的真值标签 y^*。具体而言，本书基于地理国情普查第一大类标准，制定了 5 类粗粒度场景（图 2.48）信息用于约束提升语义分割性能。包括：①城市房屋、道路、公共设施密集（≥75%）地；②城区周边大量农田与房屋（≥85%）汇聚区域；③大量农田（≥75%）

表 2.14　　　　　　　　　场景约束语义分割算法流程

初始化：通过语义分割标签真值 y^*，预估出粗粒度场景信息初始化标签 z；初始化待训练参数 θ，其初始值为 $\bar{\theta}$。

迭代求解：对于每个迭代步骤
  1. 将场景标签 z 及待训练参数 θ 代入式（2-41）中，获取最优语义标签

$$\hat{y} = \arg\max f(x, y, z; \theta)$$

  2. 计算式（2-41）中的梯度 $\nabla J(\theta_s)$，使用梯度下降法，更新待训练参数 θ 中与语义分割相关的参数 θ_s；

  3. 将最优语义分割标签 $\hat{y}$ 代入式（2-41），计算式（2-41）中梯度 $\nabla J(\theta_l)$，使用梯度下降法更新待训练参数 θ 中与场景类别信息相关的参数 θ_l。

重复迭代求解步骤 2 与步骤 3，直至 DCNN 网络收敛

(a) 城市房屋、道路、公共设施密集地：房屋密集，高矮混合、有道路穿插并且有少量公共设施(如操场等)区域
(b) 城区周边大量农田与房屋汇聚区域：农田与房屋都占有相当的比例
(c) 大量农田区域与少量房屋混合区域：农田占比例高，密集低矮房屋占少量
(d) 水域与其他目标等混合区域：水域占据一部分，但同时与其他目标(建筑物、道路、房屋、农田等)混合 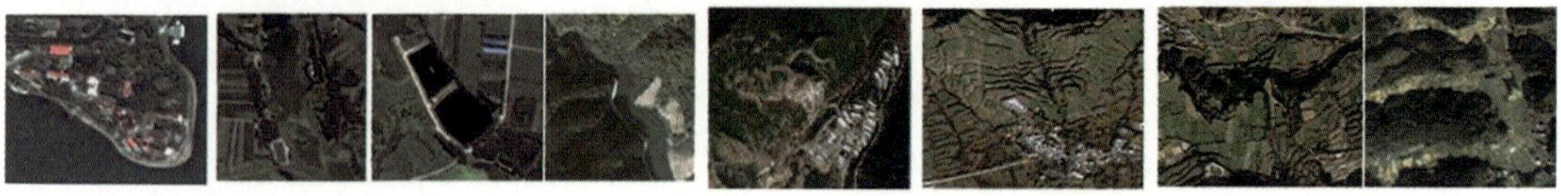
(e) 丘陵山地与其他目标混合区域：丘陵、山地中间混杂有草地、林地、构筑物、少量建筑物等

图 2.48 基于地理国情普查标准制定的 5 类粗粒度场景示意图

与少量房屋(≤35%)混合区域；④水域(≥20%)与其他目标(≥40%)混合区域；⑤丘陵山地(≥70%)与其他目标(≥10%)混合区域。这些先验类别信息，均可以由语义分割的真值标签 y^* 统计得到。在迭代优化求解的过程中，交替更新参数主要有三类：第一类是DCNN 基础卷积网络所涉及到的权重及偏置参数；第二类是与语义分割相关的参数 θ_s；第三类是与场景类别相关的参数 θ_l。交替迭代目的是使语义分割和场景分类任务间信息互补，直至达到最优。

2.5.4 归一化模态类别损失均衡化方法

受 Focal loss 的启发，本书设计了一种归一化模态类别损失函数，用于语义分割类别与场景类别信息的均衡。这里所谓的"模态类别"，指的是从语义分割真值中推估出来的场景类别信息与语义分割类别信息。本书选取 softmax 函数计算语义类别与场景类别概率值。

假设场景类别推估出的概率值为 p_l，语义分割类别推估出的概率值为 p_s，那么归一化模态类别均衡化损失函数为

$$\mathcal{L}(\theta) = -\left(1 - \frac{p_s}{p_l + p_s}\right)^{\gamma} \log(p_s) - \left(\frac{p_l}{p_l + p_s}\right)^{\gamma} \log(1 - p_l) \tag{2-42}$$

式中，θ 为 2.5.3 小节中提到的待训练参数；$\dfrac{p_s}{p_l + p_s}$, $\dfrac{p_l}{p_l + p_s}$ 为归一化模态类别；$\gamma \geq 0$ 为聚焦参数，p_l 与 p_s 均采用 softmax 函数计算得到。将式(2-42)拆分为两项：

$$\mathcal{L}(\theta_s) = -\left(1 - \frac{p_s}{p_l + p_s}\right)^{\gamma} \log(p_s) \tag{2-43}$$

$$\mathcal{L}(\theta_l) = -\left(\frac{p_l}{p_l + p_s}\right)^\gamma \log(1 - p_l) \tag{2-44}$$

$$\mathcal{L}(\theta) = \mathcal{L}(\theta_l) + \mathcal{L}(\theta_s) \tag{2-45}$$

可以看出式(2-42)有以下特性：①当 $p_l \gg p_s$ 时，$\mathcal{L}(\theta_s)$ 对总体损失的贡献更大，表明损失函数更倾向于调整语义分割类别的状态；②当 $p_s \gg p_l$ 时，$\mathcal{L}(\theta_l)$ 对总体损失的贡献更大，说明此时损失函数倾向于调整场景类别的状态；③指数 γ 的调整有利于控制整体损失 $\mathcal{L}(\theta)$ 的状态，γ 值的选择，在实验部分详细讨论。

2.5.5 实验结果分析

1. 数据说明

本小节采用本团队制作的 EVLab-SS 公开数据集，训练集使用本书提出的 CLS-GAN 方法进行增广，以综合评定场景约束条件下的语义分割方法。EVLab-SS 数据集严格按照地理国情普查第一大类标准制作，贴合实际应用，更适于评定场景信息在实际应用中所起到的作用。与遥感影像场景分类任务不同，从 EVLab-SS 数据集的标注影像中，容易根据前 10 大类像素统计信息建立起有效的场景约束条件。本书主要建立了 5 类粗粒度的场景约束信息：①城市房屋、道路、公共设施密集（≥75%）地；②城区周边大量农田与房屋（≥85%）汇聚区域；③大量农田（≥75%）与少量房屋（≤35%）混合区域；④水域（≥20%）与其他目标（≥40%）混合区域；⑤丘陵山地（≥70%）与其他目标（≥10%）混合区域。

2. 试验方法

为了分析场景信息对语义分割结果的提升作用，从两个方面分别进行了对比分析：一方面是主流方法，即采用本书提出的场景约束之前与之后的性能对比；另一方面是包括本书提出的 DMSMR 各个方法之间的综合对比，主要对比指标为 mIoU 值。此外，为了进一步分析语义分割类别与场景类别均衡的方法，本书从聚焦参数的选择角度来说明最佳参数的选择。实验中，选取了 SegNet、DeepLab 以及本书提出的 DMSMR 方法作为对比分析的对象，同时为了兼顾分析场景信息对不易区分类别（如农田与挖掘地、构筑物与建筑）的影响，采用了相应类别平均总体精度来衡量这些类别是否性能总体得到提升。实验的流程框架如图 2.49 所示，其中"语义分割网络"部分指的是采用 SegNet、DeepLab 以及 DMSMR 网络结构，场景迭代优化方法使用第 2.5.2 小节中提出的方法。

实验中，在场景约束条件下 DMSMR 模型训练的初始学习率、动量和权重衰减系数分别设置为 $1e-7$，0.25 与 $5e-4$，聚焦参数 $\gamma = 7.0$。其中，初始动量和学习率是参考 DeepLab 框架（Chen et al., 2016）建议值，学习率与聚焦参数使用交叉验证方法得到。小批量（mini-batch）大小设置为 3，经过 70000 次迭代后，场景约束条件下的 DMSMR 模型收敛。

图 2.49　场景约束条件下语义分割实验流程框架

本书提出的场景约束条件下的语义分割方法使用 Caffe 深度学习库（Jia et al.，2014）实现，平台为 Win7 x64，CPU 配置是 Intel I7-4790 CPU @ 3.6 GHz，GPU 配置为 GeForce GTX 1070（8 GB RAM）。所有的源码均用 C++实现。

3. 基于场景约束的语义分割结果分析

图 2.50 展示了一些相关模型的结果，表 2.15 则提供了相关方法的定量比较。在图 2.50 中，Input Patch 表示输入的源影像切片，GT 表示真值标注。可以看出，融入场景信息后，模型预测结果的复杂背景信息均得到有效抑制；采用 DeepLab 以及 DMSMR 模型作为加入场景信息预测的基础网络结构，其结果更接近真值。

在表 2.15 中，"+Scene"表示该方法融入了本书提出的场景约束信息。从表中可以推断出，当使用场景作为约束信息后，除 SegNet 外，各个模型的 mIoU 精度指标平均提升了近 1%，对一些比较容易混淆的地类，如农田（farmland）与人工挖掘地（diggingpile），构筑物（structure）与建筑物（building）等，都有着很好的区分性。其中，农田与构筑物类别融入场景信息后，平均总体精度提升了约 2%；构筑物与建筑物平均总体精度提升了约 3%。同时，从表中的背景（background）信息检测精度可以看出，使用场景信息作为约束，背景信息平均总体精度提升了约 21.44%。这说明在 DCNN 语义分割模型中，融入场景信息能有效抑制复杂背景，增强模型的鲁棒性。SegNet 模型融入场景信息后，虽然背景精度得到提升，但 mIoU 值并没有增加，可能原因有两点：①SegNet 的对称编码/解码结构仍缺少更多策略的融入，需要联合多种解译策略，如多尺度、扩张卷积等，用于增强网络的稳定性；②SegNet 对称编码/解码网络结构不能很好地区分类别间差异，如裸地和挖掘地，两者类内差异较小使用编码/解码结构不能表征两类间差异和权重的不同。在表中，DeepLab 方法代表了自然影像中融入多策略结构，DMSMR 方法代表了遥感影像中融入多策略结构。

可以看出,加入场景约束信息后的多策略结构均能显著提升语义分割 mIoU 精度,而对称编码/解码结构,虽然在一定程度上抑制了背景信息(精度提升了近 54%),但由于策略单一,基础网络结构不稳定,性能上并没有综合提升。

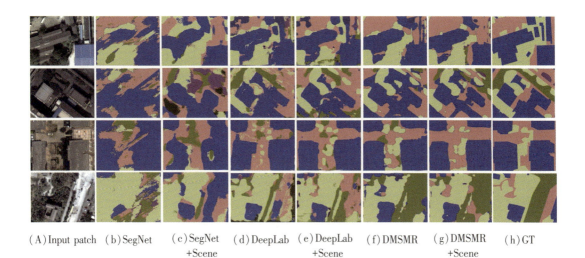

(A)Input patch (b)SegNet (c)SegNet+Scene (d)DeepLab (e)DeepLab+Scene (f)DMSMR (g)DMSMR+Scene (h)GT

图 2.50 不同方法融入场景约束后结果对比

表 2.15 　　　　　　　EVLab-SS 数据集上场景约束语义分割结果对比

	SegNet	SegNet+Scene	DeepLab	DeepLab+Scene	DMSMR	DMSMR+Scene
背景(background)	21.73	75.73	70.97	80.28	90.95	91.00
农田(farmland)	10.11	25.76	48.32	46.45	54.18	56.60
花园(garden)	0.0	0.0	0.0	0.0	0.0	0.0
木地(woodland)	76.69	63.84	64.62	71.87	73.41	67.62
草地(grassland)	10.04	19.57	25.90	24.66	12.92	16.56
建筑物(building)	76.61	62.33	82.62	80.90	85.75	75.96
道路(road)	35.02	34.09	57.83	57.13	64.79	55.56
结构物(structures)	30.13	33.84	59.48	58.91	51.25	67.96
挖掘堆(diggingPile)	10.53	1.23	38.52	41.24	34.69	34.85
沙漠(desert)	1.53	0.10	2.30	3.75	5.50	7.12
水体(waters)	22.92	52.58	72.89	70.92	70.56	72.05
总体精度(overall accuracy)	43.05	41.60	53.14	54.95	54.46	55.36
mIoU/%	29.39	27.95	41.58	42.85	42.29	43.00

4. 基于场景类别与语义分割的类别均衡化分析

在第 2.5.4 小节中，详细分析了损失函数对语义分割类别与场景类别的影响：指数 γ 的调整会有利于控制整体损失 $\mathcal{L}(\theta)$ 的状态，因此两者间的整体均衡化，实际上取决于指数 γ 的选取。图 2.51 展示了不同 γ 值下预测结果及其对应的误差图；相应地，图 2.52 是在 EVLab-SS 数据集上使用 DMSMR 方法融合场景信息后，mIoU 指标随参数 γ 变化的盒图。实验中超参数采用 2.5.4 小节中场景约束的 DMSMR 模型超参数，在相同训练集和超参数条件下，通过调整 γ 得到不同的 mIoU 精度值来分析聚焦参数 γ 的选择。

图 2.51 虚线左边为源影像切片和对应语义分割真值标注，虚线右边为取不同 γ 值的预测结果和相应误差图(红绿图)，其中红色代表误差部分，绿色代表预测正确部分。可以看出，当 $\gamma = 7$ 时，背景噪声逐步得以抑制，预测结果与真值差距较小。为了进一步分析 γ 选取的方法对语义分割类别与场景类别均衡的影响，对每一类 γ 值下训练的不同迭代次数的模型，从中选取 5 个收敛后的模型测试 mIoU 值，图 2.52 为对不同 γ 值 mIoU 的浮动程度按如下公式进行放大，对应盒图为：

$$\mathrm{mIoU}_k = \left(\mathrm{mIoU}_k - \frac{1}{N} \sum_{i=1}^{N} \mathrm{mIoU}_i \right) \times 100 \tag{2-46}$$

式中，N 为 mIoU 值总个数，实验中每个 γ 值下测试 5 个模型，因此 $N = 5 \times 5 = 25$。

从盒图的变化程度可以看出，$\gamma = 1$ 时的 mIoU 值浮动程度比 $\gamma = 7$ 时的浮动程度小，平均 mIoU 指标相当，但从图 2.51 可以看出，$\gamma = 7$ 时的误差明显小于 $\gamma = 1$ 时的误差。这说明，场景类别与语义分割类别均衡化的聚焦参数 γ 选取，不仅要以平均 mIoU 指标作为依据，而且需要在 mIoU 值上有一定的浮动，才能保证语义分割类别中场景信息得以最佳融合。

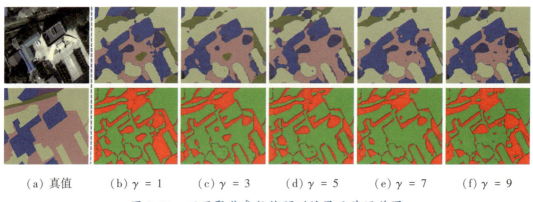

(a) 真值　　(b) $\gamma = 1$　　(c) $\gamma = 3$　　(d) $\gamma = 5$　　(e) $\gamma = 7$　　(f) $\gamma = 9$

图 2.51　不同聚焦参数值预测结果及其误差图

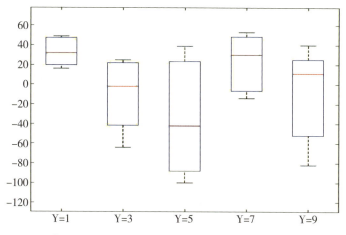

图 2.52 不同 γ 值对应 mIoU 指标的变化图

2.6 本章小结

本章研究了适用于遥感影像语义分割的深度网络，构建了语义分割构建了"数据-像素-目标-场景"多层级语义分割层次认知模型。具体包括：①在数据层级，研究了影像样本数据增广方法。提出了条件最小二乘生成式对抗网络（CLS-GAN）损失函数和结构设计方法，并探究了 CLS-GAN 作为语义分割数据增广的可靠性。②在像素层级，研究了多尺度流形排序的语义分割方法。提出了 DMSMR 结构，该结构综合考虑 DCNN 感受野和先验知识融合等因素，具有无需复杂初始化获取全局最优解的优势。③在目标层级，研究了旋转不变目标检测方法，有效提高了方向变化情况下的遥感目标检测鲁棒性。④在场景层级，研究了场景约束条件下的语义分割方法，提出了场景约束条件下场景类别与语义分割类别均衡化方法，使场景类别与语义类别之间更加均衡。这些针对不同层级下语义分割模型设计方面的工作，为线状/面状专题要素提取、交互式目标分割、智能化变化检测技术，提供了行之有效的模型基础，具有重要的理论和实践意义。

第3章 顾及拓扑结构与空间上下文的专题要素提取

3.1 引　　言

上一章介绍了"数据-像素-目标-场景"不同层次下的语义分割模型及融合方法,借鉴自然影像 DCNN 语义分割处理方式,通过遥感影像不同层级信息的提取,能够增强通用遥感智能解译任务的鲁棒性。然而,遥感影像所处理的对象具有自身特性,如道路会呈现线状结构,房屋、水体等会呈现为面状结构。如何充分考虑这些要素的特性,设计适用于线状和面状地物专题要素提取方法,直接以端到端形式提取地物矢量信息,是目前智能解译任务的难点。

针对上述所提到的问题,本章首先介绍基于 DCNN 的线状地物要素的提取方法,通过中心线与边界线优化、拓扑结构重建与优化,获取线状地物的矢量;然后介绍面状地物要素的提取方法,通过空间上下文信息融合、初始种子点预测、边界拓扑关系捕捉,端到端提取面状地物矢量。

3.2　顾及拓扑结构的线状地物要素提取

3.2.1　中心线与边界提取

用于训练的卷积神经网络采用编码解码结构作为基础结构,网络结构如图 3.1 所示。本章将在 ImageNet[26] 数据集上预训练的 ResNet34 去掉最后的平均池化层(average pooling)和全连接层(fully connect),只保留网络前四个模块(即特征提取层)作为网络编码器,用 ResNet34 预训练的模型做初始化可以缩短网络的训练时长。编码器对输入影像进行特征提取，得到降采样 32 倍的特征图 F。整个网络采用两个解码器作为两个分支，一个分支用于预测道路显著性图；另一个用于预测道路宽度图。两个解码器采用同样的结构，每个解码器包含五层上采样层，对输入的特征图 F 逐层进行 2 倍上采样。为了消除网格效应，得到更加平滑的上采样结果，在每个上采样层后添加有两个卷积层，对上采样的特征图进行卷积之后采用 ReLU 非线性修正单元进行非线性映射，最后两个解码器输出道路显著性图和宽度图。

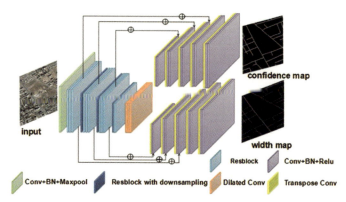

input：输入；confidence map：置信图；width map：宽度图；Resblock：残差模块

图 3.1 中心线与边界预测网络结构

在模型训练过程中，以遥感影像 X 为输入，网络预测出道路显著性图 $\tilde{Y}$ 和宽度图 $\tilde{Z}$ 之后，利用显著性图和宽度图的真值 Y 和 Z 训练网络模型。本章采用均方误差损失函数（mean-square loss）作为网络的损失函数。训练道路显著图的损失函数 L_Y 和训练宽度图的损失函数 L_Z 定义如下：

$$L_Y = \frac{1}{N} \sum_p (\tilde{Y}(p) - Y(p))^2 \tag{3-1}$$

$$L_Z = \frac{1}{N} \sum_p (\tilde{Z}(p) - Z(p))^2 \tag{3-2}$$

式中，p 为显著性图和宽度图中像素位置；N 为像素总数。网络总体损失函数 Loss 为 L_Y 与 L_Z 之和：

$$\text{Loss} = L_Y + L_Z \tag{3-3}$$

3.2.2 线状地物拓扑结构重建

通过非极大值抑制可提取道路中心线，但是上述提取结果仅仅为二值影像 C，$C =$

$\{c_{i,j} | i = 1, 2, \cdots, H, j = 1, 2, \cdots, W\}$。$i$，$j$ 代表像素行列号，H，W 为影像 C 的宽和高。在 C 中若像素 (i, j) 位于道路中心线，则其像素值 $c_{i,j} = 1$，若像素 (i, j) 位于背景，则像素值 $c_{i,j} = 0$。二值影像并不能表示道路拓扑结构，我们知道道路是由一系列道路中心点所构成，同一条道路中的中心点按照次序依次连接，而且中心点之间是互相连通的。如果从道路上的一点出发，沿当前道路方向不断前进，则该道路中的所有中心点将被遍历。为了重建道路拓扑结构，本书利用追踪算法追踪道路中线。

道路追踪由以下几个步骤构成：首先随机选取二值影像 C 中位于道路中线上的道路点 $p(x, y)$（即像素值为 1 的像素点）作为起始追踪点，p 所在道路方向为 θ。接着进行道路追踪，在追踪过程中当前追踪点为 $q(x_{\text{current}}, y_{\text{current}})$，$q$ 所在道路方向为 θ_{current}，下一个道路追踪点的候选点坐标计算如下：

$$\begin{bmatrix} x_{s,t} \\ y_{s,t} \end{bmatrix} = \begin{bmatrix} x_{\text{current}} + \cos(\theta_{\text{current}} + t) \cdot S \\ y_{\text{current}} + \sin(\theta_{\text{current}} + t) \cdot S \end{bmatrix} \tag{3-4}$$

式中，t 为道路方向的变化；S 为当前道路追踪点与下一追踪点的距离间隔，在本章中，$t \in (\pm 0, \pm 1, \cdots, \pm 15)$，$S = 15$。

本书采用以下准则从一系列候选点中选取下一追踪点 $(x_{\text{next}}, y_{\text{next}})$：下一追踪点应该位于道路中线（即在道路二值图中的像素值为 1）且道路方向变化 t 应尽量小。按照该准则，$(x_{\text{next}}, y_{\text{next}})$ 计算如下：

$$\begin{cases} (x_{\text{next}}, y_{\text{next}}) = (x_{s, t_{\min}}, y_{s, t_{\min}}) \\ t = \underset{t}{\arg\min} C(x_{s,t}, y_{s,t}) = 1 \end{cases} \tag{3-5}$$

下一道路追踪点所在的道路方向更新如下：

$$\theta_{\text{current}} = \theta_{\text{current}} + t \tag{3-6}$$

在当前道路中心线已追踪完成之后，继续从二值影像 C 中选取尚未追踪的道路中心点作为新的起始点，直到所有道路中点都已被追踪。

道路中心线追踪完成之后，可通过结合已经追踪的道路中线和网络预测出的道路宽度图 W 来提取道路双线，$p(x_p, y_p)$ 表示位于道路中心线的点，$W(x_p, y_p)$ 为 p 所在道路宽度，p 所对应的位于道路双线上的像素点坐标计算如下：

$$\begin{cases} x = x_p \pm W(x_p, y_p) \cdot (-\sin\theta_p) \\ y = y_p \pm W(x_p, y_p) \cdot \cos\theta_p \end{cases} \tag{3-7}$$

追踪的道路中心线和道路双线如图 3.2 所示。

3.2.3 线状地物拓扑连接优化

本书在网络中采用注意力模块来增强模型的学习能力。如图 3.3 所示，本小节采用的网络模型以全卷积网络作为基础网络结构,网络以高分遥感影像作为输入数据,输出则为节点显著性图和连接图。网络拥有一个编码结构和两个解码结构(decoder)。本章先在 ImageNet 数据集上预训练好 ResNet,然后去掉最后的平均池化层(average pooling)和全连接层(fully connect),仅保留网络前面四个 block(即特征提取层)作为网络编码器。两个解码器采用相同的网络结构,主要由卷积层和上采样层组成。为了使模型更充分的利用上下文信息,本书在编码器后面紧跟着添加了空间注意力模型和通道注意力模型。

(a)道路中线　　　　　　　　(b)道路边线

图 3.2　道路中线与边线提取结果

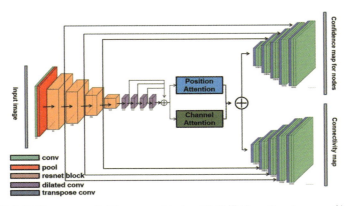

Input image:输入影像;conv:卷积;resnet block:残差模块;dilated conv:扩张卷积;transpose conv:反卷积;Position Attention:位置注意力;Channel Attention:通道注意力;Confidence map for nodes:节点置信图;Connectivity map:连接关系图

图 3.3　拓扑连接优化网络模型

网络中采用的空间注意力模型如图 3.4 所示,给定输入特征 $A \in R^{H \times W \times C}$,首先将 A 输入到卷积层来生成特征 B 和 C,B 和 C 的形状都为 $H \times W \times C$,接着将 B 和 C 改变形状

(reshape)为 $R^{C\times N}$，其中 $N=H\times W$ 为特征图中像素总数。接下来将 C 进行转置运算后与 B 相乘，然后通过 softmax 函数计算得到空间注意力图 $S\in R^{N\times N}$。

$$s_{ji}=\frac{\exp(B_i\cdot C_j)}{\sum_{i=1}^{N}\exp(B_i\cdot C_j)} \tag{3-8}$$

式中，s_{ji} 为 B 中位置 i 处特征与 C 中位置 j 处特征的相似度，s_{ji} 越大表明 i 和 j 处特征有越强的相关性。

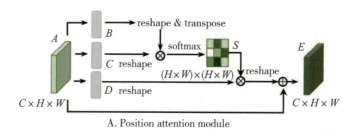

图 3.4　空间注意力模块示意图

与此同时，将 A 输入到卷积层来生成特征 $D\in R^{C\times H\times W}$，然后 Reshape 为 $R^{C\times N}$。接着将空间注意力矩阵 S 进行转置运算后与 D 进行矩阵乘法运算，将运算得到的特征 Reshape 为 $R^{C\times H\times W}$。最后，我们将乘积运算后的特征乘以尺度因子 α 后和特征 A 逐元素相加来得到最终的特征 E，E 计算如下：

$$E_j=\alpha\sum_{i=1}^{N}(s_{ji}D_i)+A_j \tag{3-9}$$

网络中采用的通道注意力模型如图 3.5 所示，给定输入特征 $A\in R^{H\times W\times C}$，首先将 A 改变形状(reshape)为 $R^{C\times N}$，其中 $N=H\times W$ 为特征图中像素总数。接下来将进行转置运算后的 A 与 A 自身进行矩阵乘法运算，最后通过 softmax 函数来计算得到通道注意力图 $X\in R^{C\times C}$：

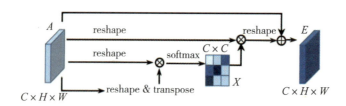

图 3.5　通道注意力模块示意图

$$x_{ji} = \frac{\exp(A_i \cdot A_j)}{\sum_{i=1}^{C} \exp(A_i \cdot A_j)} \tag{3-10}$$

式中，x_{ji} 为第 i 个通道与第 j 个通道之间的相似度，x_{ji} 越大表明第 i 和第 j 个通道之间有越强的相关性。接着将空间注意力矩阵 S 进行转置运算后与 A 进行矩阵乘法运算，并将运算得到的特征 Reshape 为 $R^{C \times H \times W}$。最后我们将乘积运算后的特征乘以尺度因子 β 后和特征 A 逐元素相加得到最终的特征 E，E 计算如下：

$$E_j = \beta \sum_{i=1}^{C} (x_{ji} A_i) + A_j \tag{3-11}$$

网络以遥感影像 X 作为输入。编码器首先对输入影像进行特征抽取，得到降采样 32 倍的特征图 F；接着将 F 送入空间注意力模型中，生成包含更丰富的空间上下文信息的特征 E_P，与此同时将 F 送入通道注意力模型中，生成能够建模通道之间关系的特征 E_C；然后将特征 E_P 与 E_C 进行融合（相加），生成融合后的特征 $\tilde{F}$；最后将 $\tilde{F}$ 送入解码器中。两个解码器采用同样的结构，每个解码器包含五层上采样层，对输入的特征图 $\tilde{F}$ 逐层进行 2 倍上采样。为了消除网格效应，得到更加平滑的上采样结果，在每个上采样层后添加两个卷积层，对上采样的特征图进行卷积之后采用 ReLU 非线性修正单元进行非线性映射，最终两个解码器分别输出节点显著性图 S 和连接图 C。节点显著性图和连接性图对应的损失函数 L_{node} 和 L_{connect} 如公式（3-14）和公式（3-17）所示，整个网络的损失函数 Loss 为各个任务损失函数的总和，定义如下：

$$\text{Loss} = L_{\text{node}} + L_{\text{connect}} \tag{3-12}$$

1. 节点预测

本书通过借鉴基于热度图的关键点检测方法，提出了道路节点显著性图的概念。节点显著性图与热度图具有相似的性质，即节点显著性图中道路节点处会生成一个呈高斯分布的概率区域，且该区域中像素距离节点距离越小，该像素的显著值越大。为了通过训练卷积神经网络模型来预测节点显著性图，需要制作节点显著性图真值。由于现有道路数据集的道路标注大多为二值影像，因此，首先利用骨架化算法提取从二值影像中提取道路中线，然后提取道路节点。令 $V = \{v_1, v_2, \cdots, v_n\}$ 表示道路节点集合，其中 v_i 代表第 i 个道路节点。根据节点集合 V 生成节点显著性图 S，节点显著性图 S 中像素 p 的显著性值计算如下。

$$S(p) = \exp\left(\frac{\min_{k}\{\|p - x_k\|^2\}}{\sigma^2}\right) \tag{3-13}$$

式中，x_k 为节点 v_k 在影像中的坐标；$\|p - xk\|^2$ 表示像素 p 与第 k 个节点 v_k 之间的距离；σ 控制显著性图的方差，σ 越大，节点的显著性值与周围像素显著性值差异越明显，根据公

式(3-13)生成的道路节点显著性图如图 3.6 所示。

(a)原始影像　　　　　　　　(b)节点显著性图

图 3.6　道路节点显著性图

在网络模型预测出道路节点显著性图 $\tilde{S}$ 后，利用节点显著性图真值 S 约束网络模型的输出。本章采用均方误差损失函数(mean-square loss)作为网络的损失函数。道路节点显著图的损失函数 L_{node} 计算如下：

$$L_{\text{node}} = \frac{1}{N} \sum_{p} (\tilde{S}(p) - S(p))^2 \tag{3-14}$$

式中，p 为代表显著性图中像素的空间坐标，N 为像素总数。

2. 连接性估计

节点连接性图 C 是一个二维向量场，表示不同节点连接区域内的道路方向信息。m，n 为相连接的两个道路节点，x_m，x_n 代表 m，n 在遥感影像中的图像坐标，从 m 指向 n 的向量为 $v_{m,n} = x_n - x_m$。m 和 n 之间的连接区域 $H_{m,n}$ 定义如下：

$$H_{m,n} = \{p \in R^2 \mid 0 \leq v_{m,n} \cdot v_{m,p} \leq l,\ 0 \leq |v_{m,n} \times v_{m,p}| \leq w\} \tag{3-15}$$

式中，p 为遥感影像中每个像素的图像坐标；$v_{m,p} = x_p - x_m$ 表示从 m 指向 p 的向量；$v_{m,n} \cdot v_{m,p}$，$v_{m,n} \times v_{m,p}$ 分别代表 $v_{m,n}$ 与 $v_{m,p}$ 之间的内积与外积；l 为连接区域 H 的长度；w 为 H 的宽度。在本书中，$l = v_{m,n} \cdot v_{m,n}$，$w$ 被设置为 6 个像素宽。直观的来说，$H_{m,n}$ 表示与 m，n 之间连线的距离小于阈值 T 的空间点组成的区域，连接区域如图 3.7 所示。

位于节点连接性图中的每个像素 p，若 p 落入节点 m，n 之间的连接区域 $H_{m,n}$，则连接性图 C 在 p 处的取值为从 m 指向 n 的单位向量 $e_{m,n}$，连接性图 C 定义如下：

$$C(p) = \begin{cases} e_{m,n} & if\ p \in H_{m,n} \\ 0 & \text{otherwise} \end{cases} \tag{3-16}$$

节点连接性图的可视化结果如图 3.7 所示,图中黄色矩形框内区域分别表示节点对 a 与 b、b 与 c 之间的连接区域 $H_{a,b}$、$H_{b,c}$。$H_{a,b}$ 内像素的向量值为从 a 指向 b 的单位向量,$H_{b,c}$ 内像素的向量值为从 b 指向 c 的单位向量。

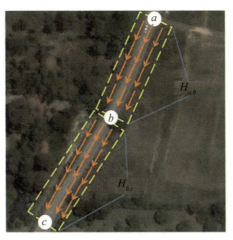

图 3.7　道路节点连接性图

本书同样通过训练卷积神经网络(CNN)来预测节点连接性图。在模型训练过程中,以遥感影像 X 为输入,网络模型预测出道路节点连接性图 $\tilde{C}$ 后,利用连接性图真值 C 约束网络模型的输出。本章采用均方误差损失函数(mean-square loss)作为网络的损失函数。道路节点连接性图的损失函数 L_{connect} 计算如下:

$$L_{\text{connect}} = \frac{1}{N} \sum_{p} (\tilde{C}(p) - C(p))^2 \qquad (3\text{-}17)$$

式中,p 为节点连接性图中像素的影像坐标,N 为像素总数。

精确定位出道路节点之后,道路网的构建需要估计提取出的每对节点间的连接性,本书以网络预测的连接图 C 为基础建立节点间连接性估计模型。令 $V = \{v_1, v_2, \cdots, v_n\}$ 表示提取的道路节点集合,v_i、v_j 表示 V 中任意一对节点,由点连接性图的定义可知,若 v_i、v_j 是相邻接的一对节点,则连接性图 C 中位于 v_i、v_j 连接区域 H_{v_i,v_j} 内像素所在的向量与从 v_i 指向 v_j 的向量 $\vec{n}_{i,j}$ 方向一致;若 v_i、v_j 不是互为邻接点,则位于 H_{v_i,v_j} 内像素所在的向量与向量 $\vec{n}_{i,j}$ 方向不会一致。因此,位于 H_{v_i,v_j} 内像素所在的向量与向量 $\vec{n}_{i,j}$ 方向一致性越强,则 v_i、v_j 之间的连接性越强。

为了量化节点间的连接性,本书提出将每对节点 v_i、v_j 之间的连线在连接性图 C 上的路径积分作为该对节点间连接性的估计值,v_i、v_j 之间连接性的量化估计值将作为之后道路网构建的基础,v_i、v_j 之间的连接性 $p_{i,j}$ 计算如下:

$$p_{i,j} = \int_{u=0}^{u=1} C(\mathrm{d}(u)) \cdot \frac{d_j - d_i}{\|d_j - d_i\|_2} \mathrm{d}u \tag{3-18}$$

式中,d_i,d_j 为节点 v_i,v_j 的影像坐标;$\mathrm{d}(u)$ 为位于 v_i,v_j 连线上像素点的影像坐标;$C(\mathrm{d}(u))$ 为连接图 C 中 $d(u)$ 处的向量。$p_{i,j}$ 取值范围为 0~1,$p_{i,j}$ 越大,表示节点 v_i,v_j 之间的连接性越强。

3.2.4 实验结果分析

1. 数据说明

本书是在 DeepGlobe 和 SpaceNet 道路提取数据集上展开实验。DeepGlobe 数据集包含 6226 张航空影像,影像全部来源于 DigitalGlobe+Vivid 数据集,影像的空间分辨率为 0.5m。本书从 DeepGlobe 数据集中随机选取 4626 张影像作为训练集,1600 张作为测试集。SpaceNet 数据集包含 3347 张遥感影像,影像的空间分辨率为 0.3m。SpaceNet 数据集中的影像选自四个区域:上海、拉斯维加斯、巴黎和喀土穆。本书从 SpaceNet 数据集中随机选取 2780 张作为训练集,567 张作为测试集。

2. 实验方法

网络编码结构采用在 ImageNet 数据集上预训练的模型参数作为初始参数,网络优化算法采用 root mean square prop 优化算法,简称 RMSProp,它可以加速梯度下降。学习率衰减方式为指数衰减,衰减系数设置为 0.9,batch size 设置为 2,初始学习率设置为 $2e^{-4}$,max epoches 设置为 300。

实验量化评价方法采用召回率 R(recall)、精确率 P(precision) 和 F1-score 测度作为精度评价指标。召回率描述提取的道路网的完整度,精确率描述提取道路网的正确率,F1-score 综合考虑了道路提取结果的精确率和召回率,是两者的加权调和平均。

召回率、精确率和 F1-score 的计算方式如下:

$$R = \frac{n_m^*}{n_t^*} \tag{3-19}$$

$$P = \frac{n_m}{n_t} \tag{3-20}$$

$$F_1 = 2 \cdot \frac{P \cdot R}{P + R} \tag{3-21}$$

式中,n_m^* 为位于提取道路缓冲区中的参考道路的长度;n_t^* 为参考道路的总长度;n_m 为位于参考道路缓冲区中的已提取道路的长度；n_t 为已提取道路的总长度，道路长度单位为像素（pixel），本书实验将道路缓冲区设置为 6 个像素宽。

3. 结果分析

图 3.8 是本书方法与 LinkNet、D-LinkNet 的道路提取方法得到的提取结果可视化效果；表 3.1 是本书方法与 UNet、LinkNet、D-LinkNet 的道路提取方法的定量比较。

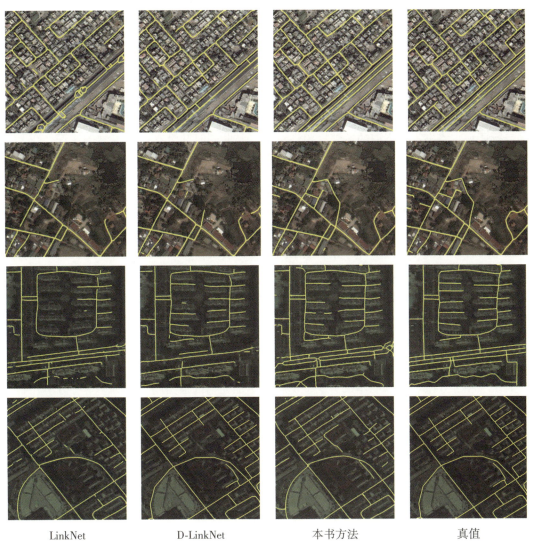

    LinkNet   D-LinkNet   本书方法   真值

前两行：在 DeepGlobe 数据集测试影像上的提取结果；
后两行：在 SpaceNet 数据集测试影像上的提取结果；

图 3.8 不同方法道路提取结果

表 3.1 道路提取结果评估

方法	DeepGlobe 测试集			SpaceNet 测试集		
	召回率	精确率	F1-Score	召回率	精确率	F1-Score
U-Net	0.7868	0.8174	0.8018	0.5733	0.6157	0.5937
LinkNet	0.8177	0.8774	0.8464	0.6235	0.6831	0.6519
D-LinkNet	0.8160	0.8756	0.8452	0.6015	0.6669	0.6325
本章方法	0.8239	0.8791	0.8506	0.6163	0.6722	0.6430

实验中发现，本书算法对于不同场景均有较强适应性，同时该算法能适应不同道路形态，包括粗路、细路、十字路口、分岔路口等，对复杂场景下的道路提取也有一定鲁棒性。相较于其他方法，本书算法受到建筑物、树木、阴影遮挡的影响相对较小，如图 3.8 第二行所示。本书算法提取的道路完整性更高，与此同时并没有引入过多的错误，仍然能够保持较高的正确率。由图 3.8 可以看出，尽管 SpaceNet 和 DeepGlobe 是两种风格截然不同的数据集，本书算法在上述两种数据集的测试影像上都能提取拓扑质量更高的道路网，证明了本书方法的有效性。

从实验结果中也可以看出，本书道路网提取结果仍然存在不足，与真值道路相比，提取道路网的完整性有所欠缺，部分区域道路网存在断裂，影响了道路网的连通性；部分区域存在错误提取结果，影响了提取道路网的正确率。出现这种情况的原因可能是由于道路场景较为复杂及干扰因素较多所致。例如，建筑物顶部、人工构造物等与道路具有相似光谱特征，另外，一些严重的遮挡也会加大道路提取的难度。

在 DeepGlobe 数据集上，相较其他三种方法，本书方法在召回率、精确率和 F1 测度上均有所提升。具体而言，与 LinkNet 和 D-LinkNet 相比，本书方法在召回率上分别提升了 1.62% 和 1.69%，这表明本书方法能够提取更加完整的道路网；同时，本书方法在召回率上分别提升了 3.45% 和 3.63%，这表明本书方法相比上述两种方法有更低的错误率。F1-score 综合了精确率和召回率，是从整体上评价道路提取方法性能的指标，相比上述两种方法，本书方法在 F1-score 上分别提升了 2.46% 和 2.59%。

在 SpaceNet 数据集上，相较其他三种方法，本章方法在召回率和 F1 测度上有所提升。与 LinkNet 和 D-LinkNet 相比，本书方法在召回率上分别提升了 4.16% 和 6.36%，在 F1-score 上分别提升了 1.052% 和 2.99%。通过对比表 3.1 还可以发现本章方法提取的结果更加完整，道路拓扑质量更高。

上述精度计算结果是在缓冲区设置为 6 个像素宽时计算得到的。道路缓冲区设置的大小不同，精度评定结果也会随着有所改变。因此，为了更进一步进行定量评价，本书在道路缓冲区设置为不同值(从 3 个像素宽到 9 个像素宽)时，对道路提取结果进行精度评定，精度评定结果如图 3.9 和图 3.10 所示，从图中可以看出，在缓冲区设置为不同值时，相比其他三种方法，本书道路提取精度仍然更高，以上分析充分表明了本章对线状的道路地物提取方法的有效性。

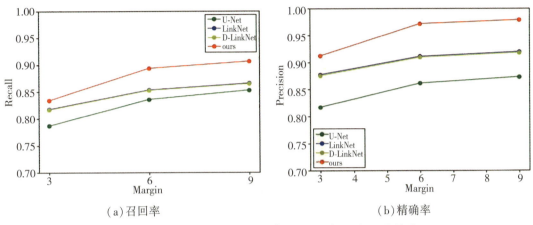

(a) 召回率　　　　　　　　　　　(b) 精确率

图 3.9　DeepGlobe 测试集在不同缓冲区值下的精度

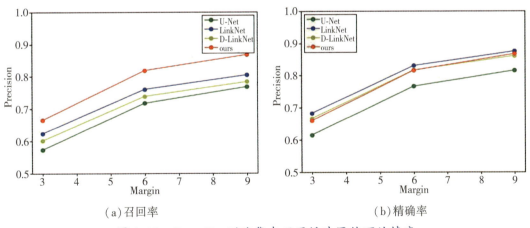

(a) 召回率　　　　　　　　　　　(b) 精确率

图 3.10　SpaceNet 测试集在不同缓冲区值下的精度

3.3　顾及空间上下文的面状地物要素提取

3.3.1　面状地物要素的网络结构提取

现有的面状地物要素提取方法主要采用先分割再边界矢量化的方法，因其建立在已有

101

分割结果上,故能获取较高的精度,但无法直接获取矢量多边形。为了克服这一局限,本书提出一种基于种子点多层特征融合的端到端面状地物矢量提取方法,网络结构如图3.11所示。该方法使面状地物的检测结果直接以端到端矢量的方式输出,从而减少预测结果的人工干预,提升矢量成图效率。该框架将融合上下文的遥感影像特征抽取、端到端初始种子点预测、边界矢量捕捉相结合,实现端到端的面状地物要素的矢量提取。框架主要包含三个部分:①遥感影像场景上下文特征信息抽取。对于训练影像使用深度卷积网络抽取特征,采用流形排序方法融合影像高阶信息,从中推估空间场景上下文和语义信息。②初始种子点预测。基于基础网络结构抽取的多层级的空间上下文特征,以目标边界为约束,通过多层的特征结合预测待处理目标的初始种子点,以便用于优化捕捉矢量边界。③边界矢量捕捉。以初始种子点为中心,构建边界点与初始中心的拓扑关系,通过端对端拓扑关系优化,保持边界采样点的拓扑关系,以获取边界点之间的连接关系,进而得到矢量结构输出。

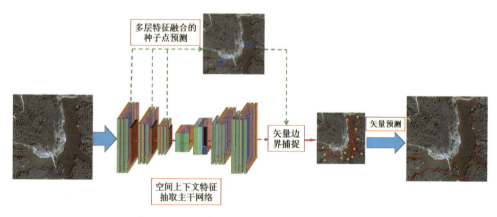

图3.11 高分辨率遥感影像面状地物矢量提取框架示意图

3.3.2 空间上下文信息融合

本书通过高阶流形排序方法,整合空间上下文信息。高阶流形排序优化结构设计的核心在于两方面:①上下文场景信息的整合。通过DCNN网络推估出上下文场景信息(图3.12中MREnc Module输出的全连接FC结果即为场景上下文信息)。②高阶信息强化(图3.12中Aggregate部分)。借鉴残差学习方法,进一步优化特征输出结果。具体方法如下:

高阶流形排序优化。给定一张特征图$I^{M \times N}$,其是由描述子$\{p_i\}_{i=1}^{M \times N}$所构成的集合。全局语义信息提取的过程,目的是将每一个描述子p_i归类为K种可能类别之一。换而言之,每

一个描述子 p_i 将会被分配至具有最大流形排序值所对应的标签索引上。令 $f_k(p_i)$ 表示描述子 p_i 的第 k 种类别所对应的流形排序值,那么描述子 p_i 被分配的最优标签可以用下式表示:

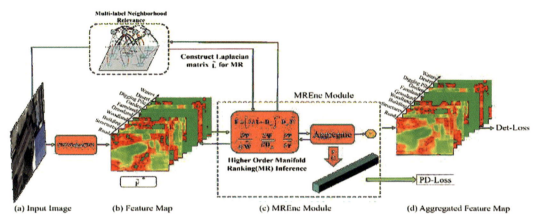

Input Image：输入影像；Feature Map：特征图；Multi-label Neighbor Relevance：多标签邻接关系；Higher Order Manifold Ranking(MR) Inference：高阶流形排序推估；MREnc Module：MREnc 编码模块；Aggregated Feature Map：增强的特征图

图 3.12 空间上下文信息融合示意图

$$y_i^*(f) = \underset{k \in \{1, 2, \cdots, K\}}{\mathrm{argmax}} f_k(p_i) \tag{3-22}$$

式中,最优标签 $y_i^*(f)$ 即最大流形排序值的类别索引。相应的高阶流形排序优化能量式可写为如下形式:

$$E(\tilde{f}) = \underset{\tilde{f}}{\mathrm{argmin}} \sum_{v_i \in V} \mu_i \|\tilde{f}(p_i) - \tilde{f}^*(p_i)\|^2 + \lambda \sum_{e_{ij} \in E,\ \gamma \in N^*} w_{ij} \|\tilde{f}(p_i) - \tilde{f}(p_j)\|^\gamma \tag{3-23}$$

对式(3-23)中涉及的待学习参数,进行连续域内前向传播和反向传播求解,即可得到能量式"端对端"的表达。

高阶信息强化。 由高阶流形排序优化式(3-23)得到的优化结果矩阵 $\widetilde{F}^*$ 与未优化前的矩阵 $\widetilde{F}$ 共同构成残差矩阵 $R = \widetilde{F}^* - \widetilde{F}$,对残差矩阵 R 中每一个元素赋予相应的权重 W,并使用 ReLU 非线性变换作为激活函数用于残差学习,即

$$F_b = \mathrm{ReLU}(W * R) \tag{3-24}$$

3.3.3 多尺度目标种子点的预测

本书采用一种多尺度特征融合的方法,以预测目标区域的初始种子点。通过影像自底

向上的多分辨率及自顶向下的金字塔多尺度特征结合(图 3.13),使目标轮廓范围内种子点得以最优表示。具体包括:

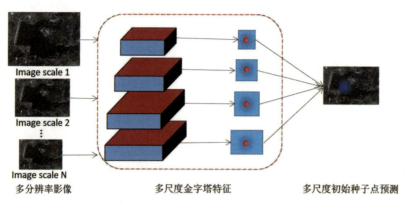

图 3.13 多尺度目标种子点的预测示意图

(1)影像多分辨率表达。人类视觉系统在处理信息时,往往遵循由粗到精的加工过程。基于此特性,通过在数据层面引入多分辨率模型,可以有效表征遥感影像绿地、水体等面状地物尺度的变化特性。在本项目研究中,计划采用高斯尺度空间的表达方式,对输入训练影像采用不同的尺度平滑参数,得到不同尺度参数下的训练影像,用于模型的训练。

(2)金字塔特征的多层级融合。特征的金字塔表达在目标检测和分割框架中已得到广泛应用,其主要目的是应对目标尺度的变换。在本项目中,拟采用自顶向下(top-down)的金字塔特征表达方法,从影像特征编码器抽取不同层级下的特征,用于预测绿地水体地物轮廓包围的中心点。通过多层级下各个尺度的金字塔特征融合,共同预测初始中心点位置,以该位置作为轮廓拓扑关系构建与优化的初始位置。

3.3.4 边界矢量捕捉与优化

在初始种子点基础上,提出一种能量渐进优化的拓扑关系保持与精化方法,使经过能量驱动的拓扑关系优化轮廓点逼近真值采样点(见图 3.14),从而捕捉获取边界连接点的拓扑关系,得到最终的目标矢量输出。具体包括:

(1)初始拓扑关系构建。假设轮廓内部以初始种子点为中心的采样点集合表示为 $P = \{p_1, p_2, p_3 \cdots, p_N\}$,其中 N 代表初始采样点的个数。利用该 N 个顶点作为初始值与初始种子点 p_c 按照逆时针次序构建 $N-1$ 个三角面片,即三角面片集合:$F = \{F_i\}_{i=1}^{N-1}$,其中 $F_i = p_{i-1}p_cp_i$ 表示由 p_{i-1}, p_c, p_i 三点构成的三角面片,三角面片中所包含采样点以及初始采样点之间构成的相互连接关系,即为下一步迭代优化的初始拓扑关系。

3.3 顾及空间上下文的面状地物要素提取

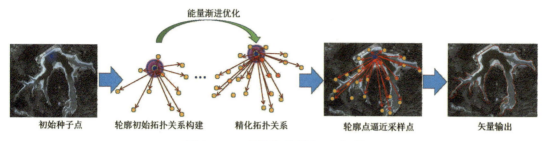

图 3.14 边界矢量捕捉示意图

（2）拓扑关系精化。以三角面片集合 $F=\{F_i\}_{i=1}^{N-1}$ 上所包含的某一初始点 p_i^0 为基础，经过 K 次迭代优化，使 p_i^0 点逼近由边界上采样获取的第 i 点 p_i^{gt}。对于顶点 p_i，其迭代更新准则如下：

$$p_i^t = p_i^{t-1} + E(\Delta p_i) \tag{3-25}$$

式中，t 为当前的迭代次数；$E(\bullet)$ 为能量优化函数；Δp_i 为优化时各个初始动点自动更新的步长。本书选取变分能量优化函数，以初始采样点面片内部及外部特征的均值与方差作为能量项，端到端的更新三角面片上各个点的位置。更新过程的损失函数构建如下：

$$\mathcal{L}_p(p^{pre}, p^{gt}) = \sum_{i=1}^N \| p_i^{pre} - p_i^{gt} \|_2 \tag{3-26}$$

式中，p_i^{pre} 为当前迭代次数预测的轮廓点位置；p_i^{gt} 为第 i 个轮廓采样点的真值；$\|\cdot\|_2$ 表示 MSE 损失。本项目提出的拓扑精化方法也可以与语义分割网络相结合，构成多任务驱动的水体与绿地提取结构。其总的损失函数可构建如下：

$$\mathcal{L}_{total} = \mathcal{L}_p + \lambda \mathcal{L}_s \tag{3-27}$$

式中，$\mathcal{L}_s$ 为三角面片构成的目标语义分割损失，本书采用交叉熵损失表示。通过预测的有序面片轮廓点逐步精化与逼近，最终将迭代得到输出的矢量节点，达到端到端矢量输出的目的。

3.3.5 实验结果分析

1. 数据说明

为了验证本书方法的可行性，本章采用 EVLab 团队标注的遥感影像建筑物提取数据集 EVLab-Building Dataset 进行训练和测试。EVLab-Building 数据集包含 15473 张训练集影像、1062 张验证集影像、4113 张测试集影像，单张影像大小为 512×512 像素，影像源包括航空影像、GF-1/ZY-3/WV 等多种卫星影像源，涵盖了 0.1m、0.15m、0.3m 等多种空间分辨率数据。为了确保方法验证完整性，本章使用的 EVLab-Building 数据同样会在下一章"交互式目标提取"中进行优化处理，结合自动预测与半自动优化的优势，获取目标的最优轮廓。

2. 实验方法

本书训练网络结构依托的硬件环境为 NVIDIA GeForce 1080 显卡，基础特征抽取网络选择 VGG-16，并构建特征金字塔，GPU 显存大小为 8GB。批处理大小设置为 4，网络输入的影像统一为 512×512 像素，学习率为 $1×10^{-4}$，迭代周期设置为 200，多边形采样点个数为 45，单张影像最大标注个数容量为 200，种子点预测采用与线状地物提取相同的高斯函数模拟制作真值并训练。为了对比实验效果，本书采用相同的基础网络 VGG-16 提取特征，并预测建筑物矢量。预测结果采用 Recall/Precision/F1/Kappa/OA/mIoU 等 6 个指标，使用 https：//github.com/sepandhaghighi/pycm 提供的工具计算相关指标。

3. 结果分析

图 3.15 展示了本书方法预测的种子点及其轮廓边界点；图 3.16 呈现了本书方法提取的拓扑矢量及其真值；表 3.2 给出本书方法与采用 VGG-16 为基础结构预测的预测精度评估。图 3.15 展示了两种不同分辨率的影像结果：图 3.15(a) 和 (b) 为空间分辨率 0.5/像素的广州省某区域航空影像，图 3.15(c) 和 (d) 为空间分辨率为 0.15m/像素的中国台湾地区某区域卫星影像。从可视化结果可以看出，通过特征金字塔，不同分辨率下建筑物种子点与轮廓点均能得到较好预测；本书方法同时重建了相应边界点的拓扑结构，从图 3.16 可以看出，本书方法得到了目标轮廓的近似拓扑连接结构。然而，美中不足的是，与目标边界真值相比，还需要进一步优化，使之与轮廓贴合。由表 3.2 可知，采用相同的基础特征提取网络，本书方法可与 FCN 分割提取的结果精度相当，其中 mIoU 值平均仅相差 2% 左右，OA 值高于 FCN 方法，表明本书端到端矢量提取方法，具有替代先分割再矢量化方法的潜力，可进一步通过矢量规则化减少由影像矢量成图过程的人工编辑。

（a）预测种子点　　　　（b）预测轮廓边界　　　　（c）预测种子点　　　　（d）预测轮廓边界

图 3.15　预测的种子点及轮廓边界点

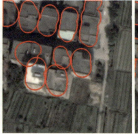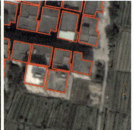

（a）拓扑矢量　　　　（b）真值矢量　　　　（c）拓扑矢量　　　　（d）真值矢量

图 3.16　预测的拓扑矢量及真值矢量

表 3.2　　　　　　　　EVLab-Building 数据测试结果评估（%）

方法	Recall	Precision	F1	Kappa	OA	mIoU
FCN-8s	45.88	46.73	34.15	−4.25	34.60	20.72
FCN-16s	48.40	48.86	**38.95**	−1.77	40.29	**24.58**
FCN-32s	**50.02**	**50.04**	21.13	**0.12**	22.02	12.06
本书方法	22.79	45.55	30.38	−8.57	**43.64**	21.82

3.4　本 章 小 结

　　本章研究了遥感影像线状目标与面状目标地物的提取方法。针对线状地物（主要是道路），提出了基于 DCNN 的中心线与宽度预测的方法。在此基础上，进一步提出关键点检测的线状地物拓扑结构重建与优化方法。在 SpaceNet 与 DeepGlobe 数据集上，验证了本书线状地物提取方法的有效性；针对面状地物矢量提取问题，提出了端到端的矢量提取方法，通过空间上下文融合、多尺度目标种子点预测与边界矢量捕捉，实现了端到端的面状地物矢量要素提取。综上所述，本章所提出的线状/面状地物提取方法，不仅为矢量化成图提供了行之有效的途径，还具有广泛的应用前景。

第4章 融合高阶注意力机制的交互式目标提取

4.1 引言

第3章与第4章深入剖析了遥感影像语义分割任务的层次认知模型,以及线/面状专题地物要素提取的方法,这些研究成果为遥感影像解译模型(语义分割)的设计提供了重要的理论依据。但在实际生产任务中,解译模型的输入结果仍会需要一定量的人工编辑,以确保满足测图矢量入库需求。因此,如何在自动语义分割结果基础上,融入高效准确且类别无关的人机交互式信息提取方法,仍然是一个亟待解决的关键问题。

本章首先介绍了一种基于条件随机场(CRF)的传统自然地物交互式提取方法,然后对比了半自动提取方法中常见的三种用户交互模拟方式,进行了详细的分析与对比。在此基础上,创新性地提出融合稀疏高阶信息的注意力机制模型(higher-order sparse non-local click,HOS-NL Click),用于基于用户兴趣点的交互式目标提取。HOS-NL Click 结合了影像特征通道长期依赖(long-range)与空间位置群组表征的特性,能有效在交互处理任务中融合人工点击的注意力机制。最后在 HOS-NL Click 模型基础上,进一步提出自动解译模型与半自动修正结合的方法,以获取目标更精准边界。

4.2 传统自然地物交互式提取方法

遥感影像解译研究的最终目标是实现全自动计算机解译,旨在把人从高强度作业中彻底解放出来。然而,受遥感影像的复杂性和相关技术特别是人工智能的限制,短期内自动解译方法无法取得突破,而传统的目视解译又有很大的缺陷,因此交互式解译是目前一种切实可行的方案。本章针对自然地物,结合光谱、纹理、几何等多特征,系统介绍基于全连接条件随机场的交互式目标提取算法。

如图 4.1 所示流程图，对于输入影像首先利用分水岭（watershed）算法进行过分割，并以单个图斑为单位提取光谱、纹理、几何特征，然后建立全连接条件的随机场，结合用户交互指定的种子线对 CRF 的参数进行估计，接着利用高维高斯滤波支持下的均值场估计实现模型推断，对提取结果进行目视判读，若不满足要求则添加新的交互并进行下一轮优化计算直至取得满意结果，最后利用 Snake 算法对提取边界进行优化。本算法进行地物提取是一个渐进的过程，每次只需画一笔，通常是指定前景种子线，若一次无法完整地提取出目标地物则接着进行下一次交互，若提取结果越过目标地物边界，亦可添加背景笔画进行去除。下面对算法主要步骤进行详细介绍。

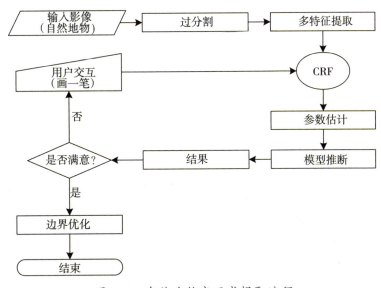

图 4.1　自然地物交互式提取流程

4.2.1　过分割

在高分辨率遥感影像的处理中，传统基于像素的方法会有诸多不足，而基于对象的方法在研究中表现出了很多优越性。例如，以对象为单位对影像进行描述更稳定、更能反映图像的本质，尤其适合描述纹理几何等特征，同时能大大降低了数据量从而提高处理速度。鉴于上述优点，本章提出的地物提取算法首先对影像进行过分割形成独立的对象，然后集成多特征实现地物提取的。

常用的过分割算法有两大类：基于超像素的过分割算法（如简单线性聚类算法 SLIC，Achanta et al.，2011）和基于分水岭的过分割算法（Mortensen et al.，1999；Vincent et al.，

1991)。SLIC 算法首先在图像内均匀设置一定数量的种子点,并在局部范围内微调这些种子点从而避开梯度较大的区域,然后以这些种子点为初始聚类中心,同时考虑颜色差异和空间距离,将剩下的像素归到距离最近的聚类中心,接下来更新聚类中心的坐标然后重新聚类直至收敛。分水岭算法有两种模式:浸水模式和降水模式。分水岭算法将影像看作是一种地形,像素的灰度值表示该点的高程,局部低点及周围区域就形成集水盆,局部高点就形成了山峰;浸水模式算法是在每个局部低点刺一个洞,然后将整个模型慢慢浸入水中,集水盆水面慢慢变大,集水盆之间则构筑大坝,最终这些大坝完成了分割。降水模式则是刚好相反,雨水落下自动流向山谷也就是集水盆,同理完成分割。

　　分水岭算法和超像素的过分割算法是面向对象分析中常用两种过分割算法,其效果对比如图 4.2 所示。SLIC 分割结果比较均匀规则,在特征分析时该法比分水岭分割结果要稳定,但是分割结果均匀规则导致某种程度上丢失了影像原本蕴含的局部几何特征。另外,由于 SLIC 相似性度量时考虑了距离因子,因而在边界上会有局部偏移,如图 4.2 局部放大图中的椭圆,SLIC 边界不如分水岭算法准确。Lin 等人(2006)对两种模式的分水岭做了对比,两者效果相似但是降水模式的分水岭算法速度更快。通常首先利用高斯模糊和直方图拉伸对原始影像进行预处理,然后对影像各通道求均值化为灰度影像,再利用降水模式分水岭算法对影像进行过分割。

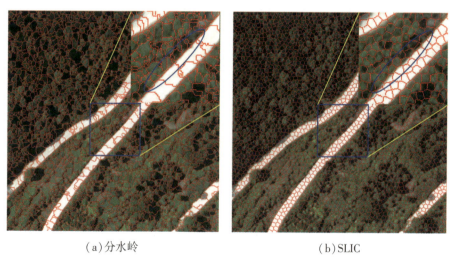

(a)分水岭　　　　　　　　(b)SLIC

图 4.2　过分割示例

4.2.2　特征提取

　　在高分辨率遥感影像中,地物种类繁多且包含的信息复杂多样,单纯基于光谱特征不足以描述单个对象或者区域，这可能导致目标提取出错。本章提出的提取算法联合光谱、纹理、几何形状三种特征对影像对象进行描述，此处用 f_i^{clr}，f_i^{tex}，f_i^{shape} 分别代表第 i 个对象的光谱、纹理、几何特征。

下面对三类特征分别进行描述。

1. 光谱特征 f_i^{clr}

影像分割中最直观最简单的特征就是对象的光谱特征，本章算法中光谱特征为对象内所有像素各通道灰度平均的归一化值。对于可见光三波段影像有

$$f_i^{\text{clr}} = (\overline{R}_i/255, \overline{G}_i/255, \overline{B}_i/255)^{\text{T}} \tag{4-1}$$

式中，$\overline{R}_i$、$\overline{G}_i$、$\overline{B}_i$ 分别代表第 i 个对象中所有像素的 R、G、B 平均值。

2. 纹理特征 f_i^{tex}

高分辨率遥感影像包含丰富的纹理信息，而纹理特征也是遥感影像解译的重要标志之一，主要表现为区域像素值的规律性变化。针对这一特性研究者对此进行了大量研究，提出了很多优秀的纹理描述算子，诸如灰度共生矩阵（Haralick et al.，1973）、Gabor 算子（Kruizinga et al.，1999）、局部二值模式（local binary pattern，LBP）（Ojala et al.，1996）等。Ojala 等 1996 年提出的 LBP 算子计算简单效率高同时又能很好的描述纹理结构，在纹理分析领域得到广泛应用。

LBP 是一种灰度不变纹理描述算子，该算子通过比较邻域像素和中心像素灰度值的大小然后与一个标准模板计算卷积得到，如式（4-2）所示，其中 N 表示半径为 R 时邻域像素的个数，I_i 表示第 i 个像素点的灰度值，I_c 表示中心像素的灰度值。为了描述纹理强度，通常还会增加一项局部对比度，组成 LBP/C 纹理描述算子，如公式（4-3）所示，利用邻域内灰度值大于中心像素的所有像素灰度均值减去小于中心像素的所有像素灰度均值来计算局部对比度。对于八邻域内计算 LBP/C 示意图如图 4.3 所示。

$$\text{LBP}_{R,N}(x, y) = \sum_{i=0}^{N-1} s(I_i - I_c) 2^i, \quad s(x) = \begin{cases} 1 & x \geq 0 \\ 0 & \text{otherwise} \end{cases} \tag{4-2}$$

$$C_{R,N}(x, y) = \sum_{i=0}^{N-1} s(I_i - I_c) I_i / n_i - \sum_{i=0}^{N-1} (1 - s(I_i - I_c)) I_i / (N - n_i) \tag{4-3}$$

式中，$n_i = \sum_{i=0}^{N-1} s(I_i - I_c)$，$s(x) = \begin{cases} 1 & x \geq 0 \\ 0 & \text{otherwise} \end{cases}$

人类的视觉系统对纹理的感知与平均灰度无关，而 LBP/C 正是描述灰度变化，这符合人类视觉对图像纹理的感知特点，并且其计算非常简单。在实际应用中，通常先计算每个像素的 LBP/C 值，然后统计局部范围内 LBP/C 的直方图分布来作为纹理特征描述。不

过，使用LBP/C特征有两个缺陷：第一，维数过高，而且其中大部分值很小甚至为零。LBP可取0~255，C即使缩放到0~7，那么LBP/C直方图也有256×8=2048维。第二，在颜色均匀区域LBP/C表现出不稳定性。由公式(4-4)可知，均匀区域像素灰度值的小幅度不规则波动会导致LBP值的不稳定，从而使LBP值基本表现为噪声，因此不足以描述均匀区域的纹理。针对这两个问题，不同学者提出了不同的改进方案（Heikkilä et al., 2006; Ojala et al., 2002）。通常采用的是Heikkilä等(2006)提出的中心对称局部二值模式（center-symmetric LBP, CS-LBP）。与LBP比较邻域像素和中心像素的大小不同，CS-LBP比较的是以中心像素为对称中心的一对像素的大小，计算公式如下：

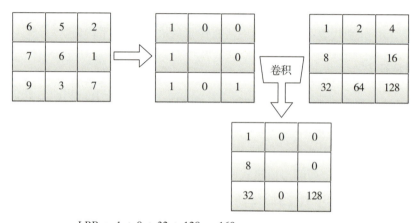

LBP = 1 + 8 + 32 + 128 = 169

C = (6 + 7 + 9 + 7)/4 − (5 + 2 + 1 + 3)/4 = 4.5

图4.3　LBP/C计算示例

$$\text{CS-LBP}_{R, N, T}(x, y) = \sum_{i=0}^{(N/2)-1} s(I_i - I_{i+(N/2)})2^i, \quad s(x) = \begin{cases} 1, & x > T \\ 0, & \text{otherwise} \end{cases} \quad (4\text{-}4)$$

I_i和$I_{i+(N/2)}$即是以中心像素为对称中心的两个像素的灰度值，T是一个反映平坦区域灰度值波动的阈值，通常取灰度值取值范围的1%，如图4.4所示计算示例。

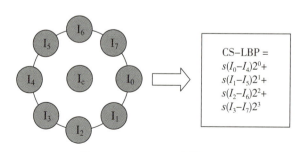

图4.4　CS-LBP计算示例

通过设置阈值 T，CS-LBP 对平坦地区亦有很强的鲁棒性，其取值范围是 0~15，考虑 8 级对比度，则是 $16×8=128$ 维。为了进一步降低维数，本章算法提取 CS-LBP 直方图后会进行主分量变换(principle component analysis)，并取前 5~10 维，然后根据最大最小值进行归一化得到纹理特征向量 $\boldsymbol{f}_i^{\mathrm{tex}}$。

3. 几何形状特征 f_i^{shape}

对于同一目标地物，过分割所得的对象在几何形状上一般有一定的一致性，比如在大小、形状等方面以其中一种或几种为主，本章算法提取了每个对象的大小 f_i^{size}、圆形度 f_i^{circle}、矩形度 f_i^{rect} 来描述对象的几何特征，有

$$\boldsymbol{f}_i^{\mathrm{shape}} = (f_i^{\mathrm{size}}, f_i^{\mathrm{circle}}, f_i^{\mathrm{rect}}) \tag{4-5}$$

1) 大小 f_i^{size}

统计每个图斑中像素的个数，然后进行归一化，如下式所示：

$$f_i^{\mathrm{size}} = \frac{n_i - n_{\min}}{n_{\max} - n_{\min}} \tag{4-6}$$

式中，n_i 表示第 i 个对象中像素的个数，$n_{\max}$，$n_{\min}$ 表示对象中像素个数的最大值和最小值。

2) 圆形度 f_i^{circle}

圆形度表示对象轮廓接近圆的程度：

$$f_i^{\mathrm{circle}} = \frac{4\pi f_i^{\mathrm{size}}}{\mathrm{perimeter}_i^2} \tag{4-7}$$

式中，$\mathrm{perimeter}_i$ 表示对象 i 的轮廓周长。

3) 矩形度 f_i^{rect}

矩形度反映的是对象对其外接矩形的充满程度：

$$f_i^{\mathrm{rect}} = \frac{f_i^{\mathrm{size}}}{\mathrm{Area}(\mathrm{Rect}_i)} \tag{4-8}$$

式中，$\mathrm{Area}(\mathrm{Rect}_i)$ 表示对象 i 的最小外包矩形的面积。

4.2.3 模型的建立与求解

本算法以单个对象为节点，建立全连接 CRF，将目标提取转化为二值标记问题，即 $\mathcal{L}=\{0,1\}$，0 代表背景对象，1 代表前景目标。

1. 一元项估计

一元项表示对象取指定标记时的代价，取值如下式所示：

$$\psi_u(x_i = 0) = \frac{-P_\text{B}(f_i)}{P_F(f_i) + P_\text{B}(f_i)}, \quad \psi_u(x_i = 1) = \frac{-P_F(f_i)}{P_F(f_i) + P_\text{B}(f_i)} \tag{4-9}$$

式中，f_i 为对象 i 的特征向量，P_F、P_B 分别代表前背景特征向量的概率密度函数，本章算法利用高斯混合模型(gaussian mixture models，GMMs)来估算对象属于前背景的概率密度。

GMMs 以其优越的特征描述能力，广泛应用于计算机处理。从理论上讲，如果模型成分个数选择恰当且训练样本充足，高斯混合模型能够以任意的精度逼近任意的概率分布。GMMs 是单高斯模型的加权和，基本思想是把样本特征呈现的分布用多个高斯函数来描述，如式(4-4)所示：

$$P(f_i) = \sum_{j=1}^{M} \alpha_j N_j(f_i \mid \mu_j, \Lambda_j) \tag{4-10}$$

式中，M 为 GMMs 中高斯函数的个数；α_j 为第 j 个高斯函数的权值，并且 $\sum_{j=1}^{M} \alpha_j = 1$，$N_j(f_i \mid \mu_j, \Lambda_j)$ 是期望和协方差阵分别为 μ_j，Λ_j 的 d 维高斯函数，形式如下：

$$N_j(f_i \mid \mu_j, \Lambda_j) = \frac{1}{(2\pi)^{d/2} |\Lambda_j|^{1/2}} \exp\left(-\frac{1}{2}(f_i - \mu_j)^\text{T} \Lambda_j^{-1} (f_i - \mu_j)\right) \tag{4-11}$$

GMMs 的参数估计通常采用期望最大(expectation maximization，EM)算法，是一种迭代寻找参数最大似然估计的算法。算法核心是两步(E 和 M)的交替进行。本算法中，记 $\theta_j = (\alpha_j, \mu_j, \Lambda_j)$，GMMs 的参数表示为 $\Theta = (\theta_1, \theta_2, \cdots, \theta_M)^\text{T}$。EM 算法基本步骤如下：

(1) 初始化。利用 K 均值算法对样本进行聚类，然后计算各个类别的均值 μ_j 和协方差阵 Λ_j，α_j 取各类样本数占样本总数的比例。

(2) 计算期望(E 步)。计算样本 f_i 属于第 j 类的后验概率并标准化，公式如下：

$$\beta_{ij} = \frac{\alpha_j N_j(f_i \mid \theta_j)}{\sum_{l=1}^{M} \alpha_l N_l(f_i \mid \theta_l)} \tag{4-12}$$

(3) 最大化(M 步)。更新参数 α_j、μ_j 和 Λ_j，计算公式如下：

$$\alpha_j = \frac{\sum_{i=0}^{N} \beta_{ij}}{N} \tag{4-13}$$

$$\mu_j = \frac{\sum_{i=0}^{N} \beta_{ij} f_i}{N \alpha_j} \tag{4-14}$$

$$\Lambda_j = \frac{\sum_{i=0}^{N} \beta_{ij} (f_i - \mu_j)(f_i - \mu_j)^\text{T}}{N \alpha_j} \tag{4-15}$$

(4) 迭代计算 E 步和 M 步，直至两次迭代参数变化小于阈值。

利用用户交互可以直接估算前景模型，把标记对象的特征向量作为样本，并根据对象大小给每个样本赋一个权值 $\text{Weight}_i = f_i^{\text{size}}$，见公式(4-16)，然后利用加权 EM 算法估计 GMMs 的参数从而得到前景模型 P_F。本算法中，P_F 中单高斯模型个数取 3~5。

用户通常不指定背景，通常首先利用已有前景模型给未标记对象赋权，即属于前景的概率越大则赋权越小，同时顾及对象大小，有

$$\text{Weight}_i = f_i^{\text{size}} \left(1.0 - \frac{\log P_F(f_i) - \text{Min} P_F}{\text{Max} P_F - \text{Min} P_F} \right) \quad (4\text{-}16)$$

式中，$\text{Max} P_F$、$\text{Min} P_F$ 为所有对象中前景概率密度最大值和最小值的对数。然后同前景模型估计一样，利用 EM 算法加权估计背景模型 P_B。本算法中，P_B 中单高斯模型个数取 5~8。确定了前背景模型，即可根据公式(4-9)计算出所有对象的一元代价。

上一小节对于过分割影像对象分别提取了光谱、纹理、形状特征，本章算法分别为各个特征建立 GMM，一元项为各 GMM 权值的加权值，形式如下：

$$\psi_u(x_i) = w_{\text{clr}} \psi_u^{\text{clr}}(x_i) + w_{\text{tex}} \psi_u^{\text{tex}}(x_i) + w_{\text{shape}} \psi_u^{\text{shape}}(x_i) \quad (4\text{-}17)$$

式中，$\psi_u^{\text{clr}}(x_i)$、$\psi_u^{\text{tex}}(x_i)$ 和 $\psi_u^{\text{shape}}(x_i)$ 分别表示光谱、纹理、形状特征取对应标签的代价，由公式(4-9)计算得到；w_{clr}、w_{tex} 和 w_{shape} 代表各个代价相应的权值，本章算法取 $w_{\text{clr}} = 0.4$，$w_{\text{tex}} = 0.4$，$w_{\text{shape}} = 0.2$。

2. 二元项估计

二元项亦被称作平滑项，鼓励特征相似、距离较近的对象取相同的标记，从而保证提取结果的连续性。按公式(4-9)的形式，通常采用两个高斯核函数，如式(4-18)所示：

$$k(f_i, f_j) = w_1 \exp\left(-\frac{|p_i - p_j|^2}{2\theta_\alpha^2} - \frac{|I_i - I_j|^2}{2\theta_\beta^2} \right) + w_2 \exp\left(-\frac{|p_i - p_j|^2}{2\theta_\gamma^2} \right) \quad (4\text{-}18)$$

式中，w_1，w_2 为两个核函数的权值；p_i，p_j 为对象 i 和 j 的重心坐标；I_i，I_j 为两个对象的光谱均值，它们之间的关系受参数 θ_α，θ_β，θ_γ 的控制。第一个核函数模拟的是两个对象的相似度，即颜色特征越相似、距离越近的两个对象之间的交互代价则越小。第二个核函数有助于去除小的独立区域。二元函数参数取值以经验为主，在测试大量遥感影像的基础上取得。

标准 CRF 通常利用某种方式获取准确的全局范围内前背景模型，从而确定一元项。然而，本算法中一元项的估计依赖于用户的输入笔画，特别是背景，模型往往有偏差。针对这一问题，通常的做法是进行迭代，每次迭代过程中重新优化前背景模型。值得注意的是，全连接 CRF 通过连接任意两个节点，能够很好地模拟特征的空间分布和相互关联。这种对全局信息的利用，可以看做是对全局范围内前背景模型的估计，因此利用全连接 CRF 可以减少甚至不需要迭代，本算法亦是基于这种想法来实现目标的快速交互式提取。

至此全连接 CRF 建立完毕，各项参数也已经确定。然后利用基于高维高斯快速滤波的均值场估计方法来实现模型的推断，提取目标的轮廓，如图 4.5(b) 所示。

4.2.4 边界优化

Snake 模型作为一种参数活动轮廓模型（parametric active contour），最早由 Kass 等人于 1988 年在第一届国际视觉会议上提出的，他们创造性地将轮廓优化问题定义为一个能量优化问题，从而开启了该模型在图像分割、轮廓提取领域的广泛应用与研究。Snake 模型巧妙地结合了高层知识和底层特征，并统一到一个框架下，通过迭代方式求取最佳轮廓位置。本章所述算法把全连接 CRF 提取的边界作为初始轮廓，进而利用 Snake 模型，兼顾精度和平滑性提取最优结果。

Snake 模型是定义在目标边界附近的闭合曲线上的能量函数，曲线表示为 $v(s) = (x(s), y(s))$，$s \in [0, 1]$，能量函数形式如下：

$$E_{\text{snake}} = \int_0^1 E_{\text{Int}}(v(s)) + E_{\text{Ext}}(v(s)) \text{d}s \tag{4-19}$$

式中，E_{Int}、E_{Ext} 分别称为内部能量和外部能量。

内部能量 E_{Int} 取决于曲线自身，通常要求曲线连续光滑，常见形式如下：

$$E_{\text{Int}}(v(s)) = \alpha(s) E_{\text{continuity}}(v(s)) + \beta(s) E_{\text{smoothness}}(v(s)) \tag{4-20}$$

式中，$E_{\text{continuity}}(v(s)) = \left| \dfrac{\text{d}v}{\text{d}s} \right|^2$，$E_{\text{smoothness}}(v(s)) = \left| \dfrac{\text{d}^2 v}{\text{d}s^2} \right|^2$。

$E_{\text{continuity}}$ 为连续性能量，一阶导数表示曲线的斜率，控制曲线的连续性。$E_{\text{smoothness}}$ 为平滑性能量，二阶导数表示曲线的曲率，控制曲线的平滑性。$\alpha(s)$、$\beta(s)$ 为连续性能量和平滑性能量的权值，控制两者的影响力大小。通过这两项能量，E_{Int} 保持曲线的走势的光滑规则，这与人对目标轮廓的感知一致。

外部能量 E_{Ext} 取决于影像特征，它将曲线推向目标边界，用 I 表示一幅影像，则 E_{Ext} 通常被定义为如下形式：

$$E_{\text{Ext}}((v(s))) = -\gamma(s) |\nabla I|^2 \tag{4-21}$$

或者

$$E_{\text{Ext}}((v(s))) = -\gamma(s) |\nabla [G_\sigma * I]|^2 \tag{4-22}$$

式中，$\gamma(s)$ 表示外部能量的权值；∇ 表示影像梯度算子；$*$ 表示卷积算子；G_σ 是标准差为 σ 的二维高斯滤波器。从以上两式可以看出，影像梯度越大时外部能量越小，即代价越小，在均匀区域代价较大，也就是说在目标边界上外部能量最小，Snake 就是通过这种方式把轮廓吸引到实际边界上的。

极小化能量函数 E_{snake} 主要有三种方式：变分法、动态规划算法和贪婪算法。

1. 变分法

根据变分法 E_{snake} 极小值必须满足下面的 Euler-Lagrange 方程：

$$\frac{\partial}{\partial s}\left(\alpha\frac{\partial v}{\partial s}\right) - \frac{\partial^2}{\partial s^2}\left(\beta\frac{\partial^2 v}{\partial s^2}\right) - \nabla E_{\text{Ext}} = 0 \quad (4\text{-}23)$$

在上式中引入虚拟时间参数 t，将曲线 $v(s,t)$ 看成是一个随时间动态变化的过程，其求解偏微分方程为

$$\frac{\partial v}{\partial t} = \frac{\partial}{\partial s}\left(\alpha\frac{\partial v}{\partial s}\right) - \frac{\partial^2}{\partial s^2}\left(\beta\frac{\partial^2 v}{\partial s^2}\right) - \nabla E_{\text{Ext}} \quad (4\text{-}24)$$

给定一个初值，随着时间 t 的变化，在内能和外能的作用下曲线也不断演化，直到曲线方程达到稳定，上式右侧趋于 0 为止，即通过迭代的方式求解曲线 $v(s,t)$。采用变分法求解能量最小，简单直观，但是该方法计算量大并且易受局部噪声的影响。

2. 动态规划算法

动态规划算法是一种多阶段决策算法，利用局部最优得到全局最优。Amini 等提出利用动态规划算法来替代变分法求解 Snake 模型，该算法将公式(2-41)离散化为如下形式：

$$E_{\text{snake}} = \sum_{i=0}^{n-1} E_{\text{Int}}(v_i) + E_{\text{Ext}}(v_i) \quad (4\text{-}25)$$

式中，n 为离散化曲线后的点数，外部能量形式不变，内部能量定义为

$$E_{\text{Int}}(v_i) = \frac{1}{2}(\alpha_i |v_i - v_{i-1}|^2 + \beta_i |v_{i+1} - 2v_i + v_{i-1}|^2) \quad (4\text{-}26)$$

由此式可以看出 Snake 模型各轮廓点前后关联，假设每次迭代每个轮廓点可取附近 m 个可能的位置，则可以把能量最小化过程看成一个多阶段决策的过程，如式(4-27)所示：

$$E_{\text{snake}}(v_1, v_2, \cdots, v_{n-1}) = E_0(v_0, v_1, v_2) + E_1(v_1, v_2, v_3) + \cdots + E_{n-2}(v_{n-2}, v_{n-1}, v_0)$$
$$(4\text{-}27)$$

式中，

$$E_i(v_i, v_{i+1}, v_{i+2}) = \frac{1}{2}(\alpha_i |v_i - v_{i-1}|^2 + \beta_i |v_{i+1} - 2v_i + v_{i-1}|^2) + \gamma_i E_{\text{Ext}}(v_i) \quad (4\text{-}28)$$

在实现过程中，每次迭代每个轮廓点可取如 3×3 邻域范围内的点作为可能的取值位置，计算复杂度为 $O(nm^3)$。该方法可取得局部范围内的最优解，但是计算量依然比较大。

3. 贪婪算法

Williams 等人于 1992 年提出了一种高效的贪婪算法，在几乎不影响效果的情况下大大加快了计算速度。与动态规划算法不同，贪婪算法在求解时假设各轮廓点的能量和其他点

均不相关，也就是说在更新某个点的时候假设其他点均处于最优位置。以八邻域模型为例，固定前后两个点，当前点可取的位置有9个，分别计算当前点处于9个位置的能量，最小者就是目前的最优位置，依次更新剩下的所有点作为一次完整的迭代。如此循环，直到某次迭代所有点的位置均没有变化。贪婪算法 Snake 模型离散化能量公式与公式(4-25)类似，形式如下：

$$E_{\text{snake}} = \sum_{i=0}^{n-1} (\alpha_i E_{\text{continuity}}(v_i) + \beta_i E_{\text{smoothness}}(v_i) + \gamma_i E_{\text{Ext}}(v_i)) \tag{4-29}$$

在贪婪算法中，各项能量均作了相应的调整。连续性能量公式如下：

$$E_{\text{continuity}} = \frac{|\bar{d} - |v_i - v_{i-1}\|}{\max_{0 \leq j \leq 8} \{|\bar{d} - |v_j - v_{j-1}\|\}} \tag{4-30}$$

式中，

$$\bar{d} = \frac{1}{n} \sum_{i=1}^{n} |v_i - v_{i-1}| \tag{4-31}$$

平滑项计算如下：

$$E_{\text{smoothness}} = \frac{|v_{i+1} - 2v_i + v_{i-1}|^2}{\max_{0 \leq j \leq 8} \{|v_{j+1} - 2v_j + v_{j-1}|^2\}} \tag{4-32}$$

外部能量为归一化梯度值，定义如下：

$$E_{\text{Ext}}(v_i) = \frac{T_{\min} - \text{mag}(v_i)}{T_{\max} - T_{\min}} \tag{4-33}$$

式中，$\text{mag}(v_i)$ 表示轮廓点 v_i 处的梯度值；$T_{\min}$、$T_{\max}$ 为邻域内提取的最小值和最大值。

Snake 模型有一个弊端就是需要指定大概的初始轮廓。为了克服这一弊端，通常利用全连接 CRF 提取目标地物的大概轮廓来作为 Snake 模型的初始值。如图 4.5(b)所示，首先沿着提取结果建立缓冲区(宽度为 7~13 个像素)，然后在缓冲区内建立 Snake 模型，最后利用贪婪算法优化计算得到最优结果，如图 4.5(c)所示。

4.2.5 部分结果

本小节仅展示部分实验结果，详细分析参见第五章。图 4.5 以林地为例，展示了提取过程中几个重要步骤的中间结果，包括分水岭过分割结果、全连接 CRF 提取结果和 Snake 轮廓优化结果。图 4.6 展示了森林、水系、田地三类地物部分提取结果示例。图 4.7 展示了多次交互渐进式提取目标地物示例。

4.2 传统自然地物交互式提取方法

(a)分水岭过分割结果　　(b)全连接CRF提取结果(红色折线为种子线,蓝色为提取结果缓冲区)　　(c)Snake轮廓优化结果

图4.5　交互式提取中间结果

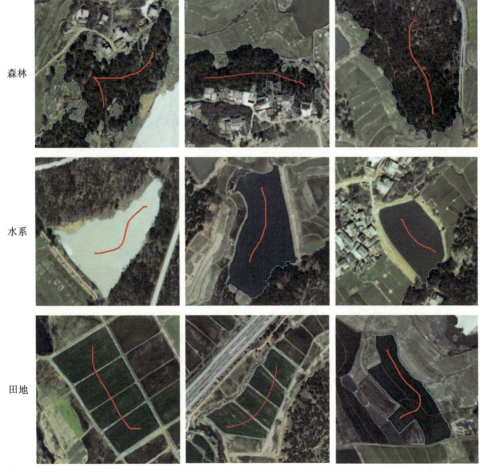

图4.6　森林、水系、田地三类地物提取结果示例(红色折线为种子线,绿色的线为提取结果)

(a)提一次交互提取结果(红色线为第一次交互输入，蓝色线为第二次交互输入)　　(b)两次提取最终结果

图 4.7　渐进式提取结果示例

4.3　融合高阶注意力机制的 HOS-NLClick 模型

图 4.8 展示了本书提出的(hierarchical object-structure non-local click，HOS-NL Click)模型结构，该模型结合了"点模拟"与"笔画模拟"两种方式，将"笔画模拟"的序列点转换为"点模拟"，在 CNN 网络提取特征基础上，将特征分解为位置敏感的非局部注意力模块(position-sensitive non-local module，PS-NL module)，每个子模块(PS-NL Sub-block)通过高阶稀疏表征获取空间特征的长依赖(long dependence)关系，最后预测类别激活图。由于所模拟的操作是"点模拟"(将"笔画模拟"转换为"点模拟"本质上也是"点模拟")，因此本书提出的方法具有类别无关性，即在自然影像上训练的模型也可直接应用于遥感影像交互目标提取任务。对于某些特定类别(如水体)上的交互提取模型，也可用其他类别(如建筑物)交互提取。本小节首先介绍交互分割输入的模拟方式，然后介绍 PS-NL 模型及求解方法，以及自动解译与人机交互结合的方法，最后进行试验结果分析。

4.3.1　交互分割方式模拟示例

目前基于 DCNN 的人机交互分割模型，如 Deep GrabCut、DEXTR、PolygonRNN++、Curve-GAN 等，主要通过模拟人机交互的方式，将人画出的形状转换为不同的距离图作为网络结构的初始输入,通过通道合成等操作参与端到端训练过程。常见的模拟方式包括基于点的模拟、基于笔画(scribble)的模拟,以及基于外接矩形的模拟。图 4.9 是常见的三种模拟方式、对应类别激活图(class activation mapping,CAM)与分割结果对比。

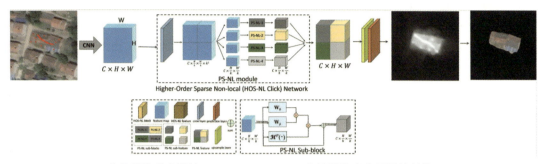

PS-NLmodule:非局部注意力模块;PS-NL Sub-block:非局部注意力子模块结构;Higher-Order Sparse Non-local(HOS-NL Click)Network:高阶稀疏非局部注意力网络

图 4.8　HOS-NL Click 模型

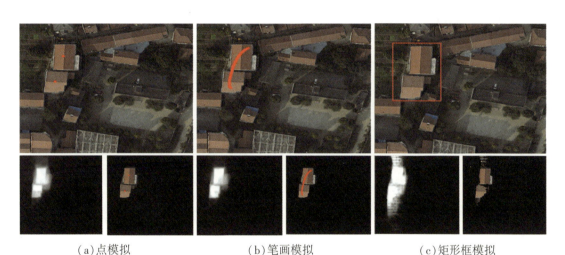

　(a)点模拟　　　　　　　(b)笔画模拟　　　　　　(c)矩形框模拟

图 4.9　常见交互式分割输入模拟及其 CAM 与分割结果

4.3.2　PS-NL 模型

在非局部(non-local,NL)网络中,特征编码函数 $C_i(\bullet)$ 通常表示成特征在所有位置的加权和:

$$C_i(\boldsymbol{X}) = f(\theta(\boldsymbol{X}), \phi(\boldsymbol{X}))g(\boldsymbol{X}) \tag{4-34}$$

式中,函数 $\theta(\cdot)$,$\phi(\cdot)$,$g(\cdot)$ 是对输入特征 $\boldsymbol{X}$ 上的变换函数;$f(\cdot,\cdot)$ 表示所有位置上

的结对变换函数，反映了位置的仿射变换性。式(4-34)的稀疏向量形式表示如下：

$$\begin{aligned}\text{vec}(C_i(X)) &= f^p[\text{vec}(\theta(X)), \text{vec}(\phi(X))]\mathcal{H}^p(\varGamma_1(X), \cdots, \varGamma_p(\mathcal{H})) \\ &= f^p[\text{vec}((XW_\theta \circ \delta_\theta), \text{vec}(XW_\phi \circ \delta_\phi)]\mathcal{H}^p(\varGamma_1(X), \cdots, \varGamma_p(X))\end{aligned} \quad (4\text{-}35)$$

式中，$\text{vec}(\cdot)$ 为变换矩阵的行空间向量形式（Yue et al., 2018）；δ_θ 与 δ_ϕ 为学习到的参数 θ、ϕ 的稀疏加权算子；p 为特征编码函数 $C_i(\bullet)$ 的阶数；$\varGamma_i(\cdot)$ 为高阶项 $\mathcal{H}^p(\bullet)$ 的转换函数。如果使用 1×1 卷积核，同时令 $\varTheta=\text{vec}(XW_\theta \circ \delta_\theta)$，$\varPhi=\text{vec}(XW_\phi \circ \delta_\phi)$，则公式(4-35)的简化版可以表示如下：

$$\text{vec}(C_i(X)) = (\varTheta\varPhi^T)^p \underbrace{X\otimes X\otimes\cdots\otimes X}_{p-\text{times}}. \quad (4\text{-}36)$$

式(4-36)为高阶稀疏特征的行空间最终表达形式，为了融入空间位置敏感(position sensitive)的特征表示，在 HOS-NL Click 网络结构中，首先将特征 $F_0^{\text{ps}}\in\mathbb{R}^{H\times W\times C}$ 分解为 $k\times k$ 个子区域；然后每一个子区域特征 $F_m^{\text{sub}}\in\mathbb{R}^{\frac{H}{k}\times\frac{W}{k}\times C}$，$m=\{1,2,\cdots,k^2\}\in\mathbb{N}^+$ 的转置作为 $\text{vec}(C_i(\cdot))$ 的输入；最后 $k\times k$ 个子区域高阶稀疏特征的结合结果 $F_{\text{new}}^{\text{ps}}\in\mathbb{R}^{H\times W\times C}$ 用于预测 CAM。

4.3.3 HOS-NL 高效求解方法

式(4-36)是 HOS-NL 的简化表达，但直接使用该公式空间和时间复杂度均很高，因此本书采用泰勒展开式的核函数表达来近似处理式(4-36)。位置变换的高阶项 $f^p(\cdot,\cdot)$ 与转换函数 $\mathcal{H}^p(\bullet)$ 可用下式近似表达：

$$f^p[\varTheta,\varPhi] \approx \sum_{i=0}^{p}\alpha_i^2(\varTheta\varPhi^T)^i \quad (4\text{-}37)$$

$$\mathcal{H}^p(\varGamma_1,\varGamma_2,\cdots\varGamma_p) \approx \sum_{j=0}^{p}\beta_j^2(\varGamma_1\varGamma_2\cdots\varGamma_p)^j \quad (4\text{-}38)$$

本书采用高斯 RBF 核（Ring et al., 2016）计算系数 α_i^2、β_j^2：

$$\alpha_i^2 = \exp(-\gamma(\|\varTheta\|^2+\|\varPhi\|^2))\frac{(2\gamma)^i}{i!} \quad (4\text{-}39)$$

$$\beta_j^2 = \exp\left(-\mu\sum_{m=0}^{p}\|\varGamma_m\|^2\right)\frac{(2\mu)^j}{j!} \quad (4\text{-}40)$$

式中 γ、μ 为超参数。

4.4 自动解译与人机交互结合

为了进一步提升解译结果的性能，本书提出将解译结果与交互式分割结合的策略。首先，预测影像中单类目标，得到指定类别目标的初始分割信息；然后，在初始分割结果基

础上,计算当前窗口区域内(大幅遥感影像以滑动窗口为处理单元)分割结果的中心坐标:

$$x_c = \frac{1}{N}\sum_{i=1}^{N} x_i \quad (4\text{-}41)$$

$$y_c = \frac{1}{N}\sum_{i=1}^{N} y_i \quad (4\text{-}42)$$

最后,以该坐标点为初始位置,将该处的"点"信息作为 HOS-NL Click 的输入,进而得到最终该窗口内优化的目标区域。

4.5 实验结果分析

4.5.1 数据说明

本书采用的 SBD 数据集,现包含 8498 张训练影像、2820 张测试影像,是首个用于衡量目标分割技术的数据集(Xu et al.,2016)。为了验证本书交互式提取方法类别无关的特性,我们采用 EVLab 团队标注的遥感影像建筑物提取数据集 EVLab-Building Dataset,对本书方法作验证,同时验证自动解译结果与人机交互方法相结合的可行性与可靠性。EVLab-Building 数据集包含 15473 张训练集、1062 张验证集、4113 张测试集,单张影像大小为 5000×5000 像素,影像源包括航空影像、GF-1/ZY-3/WV 等多种卫星影像源,涵盖了 0.1m,0.15m,0.3m 等多种空间分辨率数据。图 4.10 是 SBD 与 EVLab-Building 数据的对比示例。

图 4.10 SBD 数据与 EVLab-Building 数据示例

第4章 融合高阶注意力机制的交互式目标提取

4.5.2 实验方法

1. 交互性能评价

本书采用达到真值平均交并比(mIoU)所需点击次数(number of clicks,NoC)作为评价指标。在比较过程中,用户点击处的生成策略是首先寻找主要的预测误差,然后在距离错误区域最远处的边界上生成点击点(click point)。本书中,NoC@85、NoC@90等分别表示mIoU达到85%与90%所需的点击次数,交互分割性能在SBD数据上进行评估。

2. 自动解译与交互模型结合性能评价

为了评价自动解译结果经交互模型修正后的性能,本书使用EVLab-Building数据集,并采用OA、Precision、Recall、mIoU、Kappa系数等指标综合评定交互前后的结果,以HRNet分割结果作为基准,进行对比分析。实验过程中,直接将SBD数据训练的模型用于EVLab-Building数据,以验证模型的泛化性能。

3. 模型训练参数设置

本书以HRNet网络为基础提取影像特征,将影像输入尺寸裁剪为320×480像素。训练时,采用Adam作为优化器,其中$\beta_1 = 0.9$,$\beta_2 = 0.9999$,网络训练70个迭代周期,学习率设置为5×10^{-4},模型训练的batch size为20,训练环境为单个NVIDIA RTX GPU显卡(24GB显存)。

4.5.3 结果分析

图4.11、图4.12展示了本书交互式提取方法在SBD和EVLab-Building数据集上的分割结果及其CAM;图4.13则呈现了本书交互式提取方法与半自动方法结合前后的对比结果;表4.1给出了本书HOS-NL Click将"笔画"和"点"结合后,以"点"作为网络输入的交互分割性能定量评价;表4.2展示了本书方法在语义分割网络基础上,将半自动提取方法作为后处理改进结果,表中"/w"(with)表示使用HOS-NL Click作为后处理的结果,"/o"(without)表示不使用HOS-NL Click作后处理结果。

4.5 实验结果分析

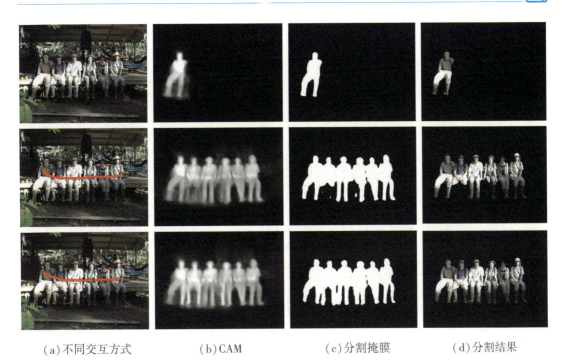

(a) 不同交互方式　　　　(b) CAM　　　　(c) 分割掩膜　　　　(d) 分割结果

第一行：使用"点"交互分割结果；第二行：使用"笔画"交互分割结果；第三行：使用"点"、"笔画"结合，将"笔画"转换为"序列点"交互分割结果

图 4.11　SBD 数据上不同交互方式分割结果对比

从表 4.1 的对比结果可以看出，本书提出的 HOS-NL Click 方法与近期相关方法相比，通过引入高阶注意力机制，使得 mIoU 达到 85% 平均仅需点击 4.94 次，达到 90% 平均需要点击 7.85 次，交互效率得到大幅度提升。由图 4.11 和图 4.12 的结果可知：一方面，通过将"点"与"笔画"相结合的策略，将"笔画"转换为"序列点"，能够提升目标交互分割结果的边界准确性，从而弥补单一"点"或"笔画"边界不准的缺陷；另一方面，图 4.12 展示了 SBD 数据上训练模型直接用于 EVLab-Building 测试数据的结果，由此可以推断，HOS-NL Click 模型具有较强的泛化能力以及与类别无关的交互分割能力。图 4.13 是使用 HRNet 作建筑物分割模型前后效果对比图，通过引入 HOS-NL Click 机制，在初始预测结果基础上，目标的边界保持了较好的一致性。然而，同时也可以观察到，HOS-NL Click 方法依赖于初始提取结果；从表 4.2 的定量分析可以推断，HOS-NL Click 策略能有效与自动预测方法相结合，在 Recall、Precision、F1、Kappa、OA、mIoU 等均有较大提升，其中 mIoU 提升了约 2%，Precision 提升约 3%，表明本书提出的自动预测与交互式方法可以有效结合。

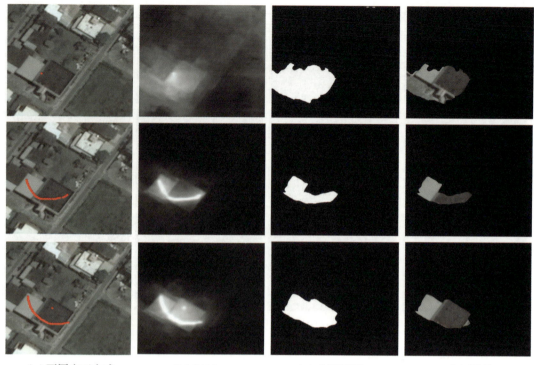

(a)不同交互方式　　　　(b)CAM　　　　(c)分割掩膜　　　　(d)分割结果

第一行：使用"点"交互分割结果；第二行：使用"笔画"交互分割结果；第三行：使用"点"、"笔画"结合，将"笔画"转换为"序列点"交互分割结果

图 4.12　EVLab-Building 数据上不同交互方式分割结果对比

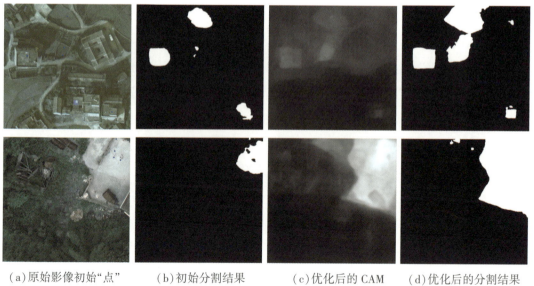

(a)原始影像初始"点"　(b)初始分割结果　　(c)优化后的 CAM　　(d)优化后的分割结果

图 4.13　HOS-NL Click 方法与自动提取结合前后对比图

表 4.1　　　　　　　　　　SBD 数据上交互分割性能评估

方法	提出时间	NoC@ 85	NoC@ 90
Graph Cut	2001	13.6	15.96
Random Walker	2006	12.22	15.04
Geodesic matting	2010	15.36	17.60
RIS-Net	2017	6.03	—
Latent diversity	2018	7.41	10.78
BRS	2019/2020	6.59	9.78
HOS-NL Click	2020	4.94	7.85

表 4.2　　　　　　　　EVLab-Building 数据测试结果评估（%）

方法	Recall	Precision	F1	Kappa	OA	mIoU
FCN-8s /o	45.88	46.73	34.15	-4.25	34.60	20.72
FCN-8s /w	50.86	57.50	47.19	2.62	79.36	41.15
HRNet /o	71.92	74.67	73.12	46.31	84.03	60.55
HRNet /w	**73.67**	**77.34**	**75.23**	**50.56**	**85.53**	**62.97**

4.6　本 章 小 结

本章介绍了遥感影像地物交互式提取方法，提出"点"与"笔画"相结合的 HOS-NL Click 网络。在该网络中，特征被分解为位置敏感的非局部注意力子模块(PS-NL)。通过挖掘每个位置特征的高阶相关性，提取子结构的高阶非局部注意力特征，最后通过特征融合对交互目标预测。实验结果表明，利用高阶特征提注意力机制，可以较好地提升目标分割网络的性能，并且与自动解译预测结果结合，可进一步优化分割结果。

第5章 基于密集连接和几何结构约束的变化检测

5.1 引　言

DCNN 在特征抽取方面具备的显著优势，促使其在遥感影像变化检测任务中也得到研究和应用。目前，变化区域的提取方式主要以孪生神经网络为基础，借助通道合成的手段，将变化检测问题转换为语义分割网络，获取变化/未变化区域的二值掩膜；或者对 FCN 进行改造，采用孪生网络双分支结构，以逐层差分预测二值标记的方式，得到前后期遥感影像上变化/未变化区域。然而，通道合成和双分支差分融合的 DCNN 结构虽然能对影像的变化特征进行逐层抽象，但其无法对变化检测网络结构中的特征实现跨层重用，同时缺乏对几何结构信息变化的抽象描述。

综合考虑上述各因素，本章在借鉴语义分割网络层次认知模型基础上，提出一种基于密集连接和几何结构约束的遥感影像变化检测方法，即 DCGC-CD。该方法结合了特征跨层重用与几何结构约束的特点，使得变化区域能够在保证较高查全率情况下获取较高准确率。该方法在 2019 年国家自然科学基金委举办的"遥感影像稀疏表征与智能分析"竞赛中脱颖而出，一举斩获优胜奖，并且同时获 IEEE 变化检测大赛第一名。本章内容安排如下：首先介绍估计多源信息的传统变化检测方法，接着介绍基于密集连接与几何结构约束的 DCGC-CD 网络结构模型，然后介绍 DCGC-CD 与已有变化检测网络的异同，最后对 CDGC-CD 在 SZTAKI 数据及实际工程项目数据上的性能进行评估分析。

5.2 顾及多源信息的传统变化检测方法

多源信息融合的传统变化检测方法，需要先获取配准的多期影像以及区域 DSM，在此基础上融合三维信息和影像结构特征进行变化信息提取。以建筑物变化检测为例，主要流程如图 5.1 所示。

5.2 顾及多源信息的传统变化检测方法

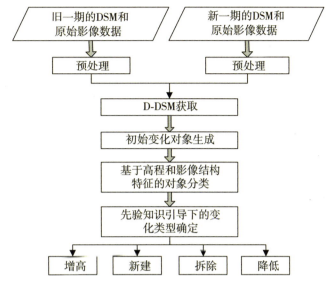

图 5.1 融合三维信息和影像结构特征的建筑变化检测流程图

5.2.1 预处理

这里的预处理主要步骤如下：

（1）点云滤波。点云滤波的目的是对点云数据进行分类，区分地面点和非地面点，目前最成熟的点云滤波算法之一为渐进三角网加密算法，已成功应用于商业软件 Terrasolid。

（2）格网 DEM 获取。在完成 DSM 点云数据滤波后，将获得的地面点数据构建三角网，并根据三角网内插区域 DEM。

（3）格网 nDSM 获取。nDSM 数据为 DSM 和 DEM 的差值数据，即

$$nDSM = DSM - DEM \tag{5-1}$$

5.2.2 D-DSM 获取

获得了对应的 DSMnew 和 DSMold 以后，dDSM = DSMnew − DSMold。并将 |dDSM|<Th 的格网高程值设置为 0，其中 Th 为设定的阈值，这主要是为了进一步减少干扰，防止不同对象连结成一个对象，例如两个房屋之间有一些灌木丛。

5.2.3 初始变化对象生成

对 dDSM 进行区域增长操作时，其中区域增长的半径为 1m，获得一系列变化的初始

对象。在区域增长过程中，不设定角度阈值，这主要由于匹配点云的质量相对稍差，在进行相减操作之后容易出现参差不齐的情况。

此外，为了防止细长对象干扰，采用形态学重建方法去除小对象。采用形态学重建的优势在于：根据设定的最小宽度阈值(e. g. 3，5，7，etc)，可以去除宽度小于最小宽度阈值的对象，并且可以保证大于最小宽度阈值的对象边界保持不变。这里的形态学重建的具体步骤如下：以一定的结构元素(e. g. 矩形结构元素 3∗3)，进行一次腐蚀操作，其中腐蚀膨胀操作时以绝对值作为比较。腐蚀操作完成后，进行多次的膨胀操作，膨胀操作直到无变化时停止。在膨胀操作过程中，最大值不能大于原始 dDSM 的绝对值。以一维线状结构元素 1∗5 为例，采用了 20 个像素模拟整个形态学重建过程，如图 5.2 所示。

(a)腐蚀操作　　(b)膨胀操作

图 5.2　形态学重建去除小对象的模拟

5.2.4　融合高程和影像结构特征的变化对象分类

在获得初始变化对象后，则根据对象的高程信息和影像光谱信息进行分类，这里对变化前和变化后的对象分别分类，分类的具体过程如图 5.3 所示。

Initial changed object
- Old period
  - $Height_{Old} > H_{min}$
    - classified as building
    - classified as tree
  - $Height_{Old} < H_{min}$ ⟶ ground
- New period
  - $Height_{new} > H_{min}$
    - classified as building
    - classified as tree
  - $Height_{new} < H_{min}$ ⟶ ground

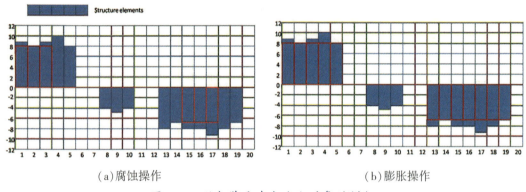

图 5.3　基于高程和影像结构特征的对象分类方法

5.2 顾及多源信息的传统变化检测方法

在初始变化对象的分类过程中,如何区分建筑和植被是整个分类结果可靠性的关键。一般情况下,单纯依靠影像的光谱信息,难以实现对建筑的有效区分。如图 5.4 所示,(a)为房子屋顶有植被的情况;(b)为房子屋顶部分或全部为绿色的情况;(c)是由于光照等原因植被区域存在色调偏差,且绿色波段信息量较少。在这些情况下,单纯依靠光谱信息中的颜色信息难以对房子和植被区域进行区分。

(a)植被覆盖的屋顶　　　　　(b)偏绿色的房子　　　　　(c)由于色调偏差呈现蓝色的植被

图 5.4　单纯影像光谱信息无法区分的屋顶与植被

为了从影像上有效地区分建筑和植被对象,通常采用基于影像光谱信息提取结构特征(HODOL)的方法。该方法受梯度方向直方图(HOG)启发,首先对影像中的边缘特征进行提取与简化,然后划分区间统计线直方图方向信息,对图像结构特征进行描述,并计算结构特征描述参数,最后根据参数值对建筑和植被对象进行区分。实验证明,该方法可以有效地区分人工地物与植被区域,相较单一的光谱信息,在正确率和可靠性方面具有巨大的优势,从而提高了算法在检测变化建筑对象时的可靠性。采用该方法对建筑和植被对象进行区分的具体步骤如下:

(1)疑似变化对象的区域影像信息提取。根据初始疑似变化对象的地理范围计算该对象在原始影像上的位置,提取该对象对应的区域影像。

(2)线特征提取与简化。对区域影像块采用边缘提取算法进行边缘提取,通常采用 canny 边缘提取算法,对应的参数为:Sigma = 0.4,Threshold Low = 0.4,Threshold High = 0.79。在边缘特征提取的基础上提取影像的线特征,并采用 Douglas-Peucker 算法对线特征进行简化。

(3)构造结构特征,计算特征描述参数。对于每个直线段,计算它的长度和方向 Dir_i

其中方向在[0,180]的范围内,然后按一定的步距将方向划分区间(通常采用的步距为10,区间数为18),计算直线段的方向直方图,即结构特征。

其中直线段的方向直方图计算公式如下:

$$\text{HODOL}_j = \sum_{i=1}^{m} q_i q_i / \sum_{i=1}^{n} q_i \tag{5-2}$$

式中,m 是属于区间 j 的所有直线段;n 代表图像块中的所有的直线段;q_i 是 i 直线段的权重,对应于它的长度。归一化的目的在于抑制那些大量短直线段的情况,归一化后的值越大,长直线段存在的概率越大。

(4) 对象类型判断。设定 HODOL 的阈值 T,当 18 个区间对应的归一化后的值中有 2 个大于 T 且相差 9 个区间,则认为图像块中存在相互垂直的 2 个长直线段,则该对象被判断为建筑块;其余的对象再进行 nEGI 判断,对于 nEGI>0.1 的情况,判断为树木,其余的判断为建筑。其中结构特征构建与判断过程如图 5.5 所示。

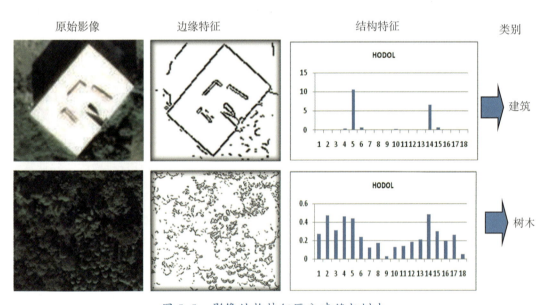

图 5.5 影像结构特征区分建筑与树木

5.3 基于密集连接与几何结构约束的 DCGC-CD 网络

受语义分割网络 DMSMR 结构的启发,如图 5.6 所示,DCGC-CD 采用对称编码-解码

5.3 基于密集连接与几何结构约束的 DCGC-CD 网络

结构，包括前后期变化特征差分编码和多分支几何结构约束解码两大模块。在编码-解码过程中，组内差分特征采用密集连接和重用的方式，通过特征跨层连接提升编码-解码器的性能。解码器部分由三个分支构成，前期边缘预测、变化区域预测和后期边缘预测。分别预测前后期几何结构(边缘)和变化区域，前后期几何结构预测分支(分支一与分支三)采用权值共享方式，减少解码的参数量。DCGC-CD 模型包括训练和测试两部分。训练阶段需要的真值数据包括前后期影像及其对应的变化区域真值，用于分支二变化区域的预测；还需要采用 Canny 算子获取前期影像边缘作为真值，用于分支一与分支三权值共享预测影像边缘几何结构。测试阶段则去掉网络结构的分支一与分支三，保留分支二，使用训练完成的模型预测变化区域，得到最终检测结果。

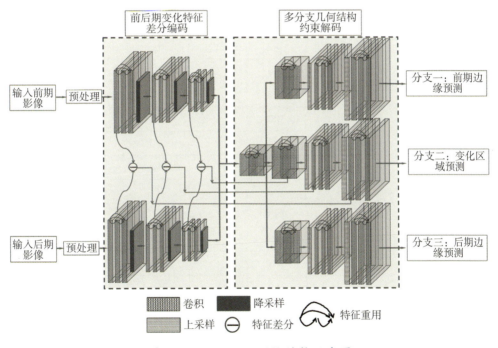

图 5.6　DCGC-CD 网络结构示意图

图 5.6 中对 DCGC-CD 涉及到的结构做了粗略示意，其包括前后期变化特征差分编码模块、多分支几何结构约束的解码模块。变化特征编码模块各组的特征作为输入，与解码模块对应各组特征相连接。对称编码-解码结构的详细参数如表 5.1 所示，具体说明如下：

表 5.1　　　　　　　　　　DCGC-CD 编码-解码结构参数

模块	组	名称	卷积核尺寸	填充尺寸	扩张尺寸	间隔大小	输出特征维度
—	0	输入	—	—	—	—	3
变化特征差分编码模块	1	conv1-1	3×3	1	1	1	256
		conv1-2	3×3	1	1	1	256
		conv1-3	3×3	1	1	1	256
		pool1	3×3	1	0	2	256
	2	conv2-1	3×3	1	1	1	128
		conv2-2	3×3	1	1	1	128
		conv2-3	3×3	1	1	1	128
		pool2	3×3	1	0	2	128
	3	conv3-1	3×3	1	1	1	64
		conv3-2	3×3	1	1	1	64
		conv3-3	3×3	1	1	1	64
		pool3	3×3	1	0	2	64
变化特征解码模块	4	conv4-1	3×3	1	1	1	32
		conv4-2	3×3	1	1	1	64
		up-sample-4	3×3	1	0	2	64
	5	conv5-1	3×3	1	1	1	64
		conv5-2	3×3	2	1	1	64
		up-sample-3	3×3	1	0	2	64
	6	conv6-1	3×3	1	1	1	128
		conv6-2	3×3	1	1	1	128
		conv6-3	3×3	1	1	1	128
		up-sample-2	3×3	1	0	2	128
	7	conv5-1	3×3	1	1	1	256
		conv5-2	3×3	2	1	1	256
		conv5-3	3×3	2	1	1	256
		up-sample-1	3×3	1	0	2	256
—	—	输出	1×1	0	1	1	N

表 5.1 中 conv$a$-b 表示编码-解码模块中组 a 内第 b 个卷积操作；pool$a$ 表示组 a 内的池化（pooling，也即下采样）操作；up-sample-m 表示第 m 个上采样层。在网络结构的编码-解码模块中，默认在各个卷积操作后，使用非线性变换函数 ReLU（修正线性单元）作为激活函数；N 表示网络结构输出特征类别数，对于变化检测任务 $N=2$，即变化/未变化两种类别。

前后期影像变化特征差分编码模块包括针对输入前期影像的分支和针对输入后期影像的分支。输入前期影像的分支包括依次连接的三个子模块，每个子模块包括三个卷积层和一个池化层（第一卷积层、第二卷积层、第三卷积层和池化层依次设置）；输入后期影像的分支也包括依次连接的三个子模块，每个子模块包括三个卷积层和一个池化层（第一卷积层、第二卷积层、第三卷积层和池化层依次设置）。前后期各子模块池化后特征相减，构成差分特征，并相应连接到多分支几何结构约束编码模块中。如图 5.6 所示，前后期影像变化特征差分编码模块两个分支所包含参数量相同，与表 5.1 中组 1~3 的各层参数相对应，差分的特征通过对应各组内前后期影像特征通道相减获得。

图 5.6 中多分支几何结构约束编码模块，与表 5.1 中组 4~7 的各层参数相对应。其中，在三个分支之前设置一个连接到前后期影像变化特征差分编码模块的子模块（对应组 4），用于多分支结构之前的特征对齐。该模块包括两个卷积层与一个上采样层，第一卷积层、第二卷积层、来自编码器最后一组 pooling（池化）出的特征和上采样层依次设置，前三个特征层密集连接。三个分支分别在用于多分支结构之前的特征对齐的子模块（对应组 4）之后，设置依次连接的三个子模块（对应组 5、组 6、组 7）。

第一个子模块包括一个上采样层和两个卷积层，第一卷积层、第二卷积层、来自编码器第三组的差分特征和上采样层依次设置，前三个特征层密集连接；第二个子模块包括一个上采样层和三个卷积层（上采样层、第一卷积层、第二卷积层和第三卷积层依次设置），来自编码器第二组的差分特征接入第一卷积层；第三个子模块包括一个上采样层和三个卷积层（上采样层、第一卷积层、第二卷积层和第三卷积层依次设置），来自编码器第一组的差分特征接入第一卷积层。

分支一与分支三分别用于预测前后期影像的边缘，其参数共享组 4~7 的参数；分支二是单独的分支，独立训练组 4~7 的参数。特殊地，分支二训练完成以后，分支一和分支三直接用分支二训练的组 4 结果。本质上，组 4~7 的参数由两个结构组成：一个结构（分支一与分支三）预测边缘几何结构；另一个结构（分支二）预测变化区域信息。两个结构通过损失函数相互作用，使得几何结构信息能有效约束最终变化检测结果。

前后期影像变化特征差分编码模块输出的差分特征与多分支几何结构约束编码模块中三个分支相应子模块的第二层（上采样后的那层）相连接，通道叠加起来。例如，差分特征尺寸是 (2, 3, 56, 56)，编码相应处的也是 (2, 3, 56, 56)，那么连接后的特征尺寸是

(2，6，56，56)。

组内卷积操作用于变化特征的差分重用,能提升不同卷积层之间的信息交换程度,使变化特征信息得以保持。如图 5.7 所示,假设组 a 内有三个卷积层用于抽取变化特征,分别为 conva-1、conva-2 与 conva-3。那么除了特征在 conva-1 与 conva-2、conva-2 与 conva-3 之间正常流动外,增加 conva-1 与 conva-3 之间的两次流动,第一次将 conva-1 与 conva-3 前馈传播的输入特征,置于 conva-1 与 conva-2 层之间;第二次将 conva-1 与 conva-3 前馈传播的输入特征,置于 conva-2 与 conva-3 层之间。上述的密集连接方式,作用于表 5.1 中的组 1 至组 7,以实现各组内不同卷积层变化特征的密集连接与重用。特殊的是,组 4 和组 5 用了差分特征与卷积特征做特征重用,而其他组仅是卷积特征重用。

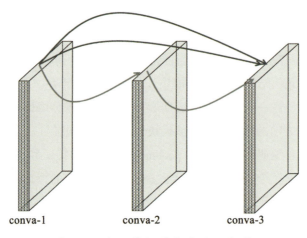

图 5.7 变化特征差分重用示意图

5.4 DCGC-CD 与相关结构的比较

图 5.8 展示了提出的 DCGC-CD 结构与其他相关模型结构的对比。通道合成的模型以孪生神经网络为基础,将变化检测问题转换为语义分割二分类问题,通过模型训练获取变化/未变化区域。双分支孪生网络差分变化检测模型对全卷积网络(FCN)进行改造,分别编码前后期影像特征,通过特征的逐层差分融合并预测二值标记,得到最终的变化区域。相较这两种方法,DCGC-CD 通过特征跨层重用与几何结构约束(主要是边缘信息)实现变化区域的表征。

5.4 DCGC-CD 与相关结构的比较

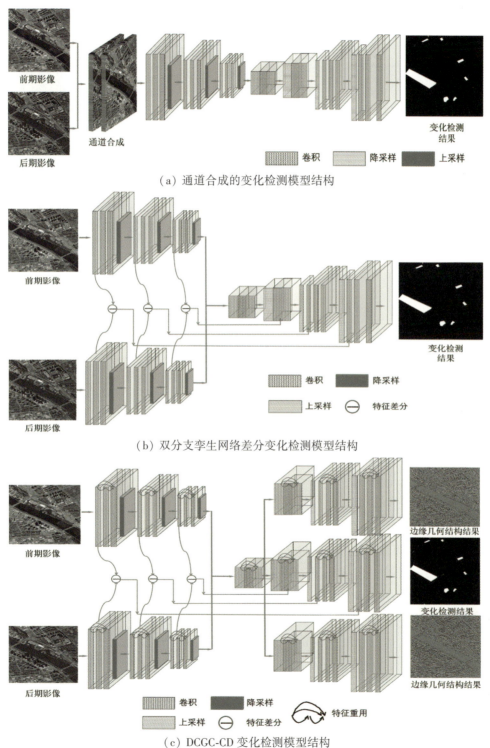

（a）通道合成的变化检测模型结构

（b）双分支孪生网络差分变化检测模型结构

（c）DCGC-CD 变化检测模型结构

图 5.8　DCGC-CD 网络结构与相关模型结构对比图

5.5 多分支几何结构约束的损失函数设计

损失函数是驱动 DCGC-CD 模型训练的根源,假设 gt 代表变化检测真值,pred 表示经过解码器后预测特征值。DCGC-CD 模型采用的多分支结构,共包括三种损失:

1. 变化检测类别均衡损失

变化检测区域的变化或未变化问题可视为二分类问题,顾及到遥感影像上前后期影像变化信息通常较少,大部分为未变化区域,因而设计如下的类别均衡损失函数 $\mathcal{L}_\theta(\text{gt}, \text{pred})$,用于均衡变化与未变化区域:

$$\mathcal{L}_\theta(\text{gt}, \text{pred}) = -\text{pw} \times \text{gt} \times \log(\text{sigmoid}(\text{pred})) - (1 - \text{gt}) \times \log(1 - \text{sigmoid}(\text{pred})) \tag{5-3}$$

目标函数式(5-3)中,sigmoid(·)为非线性激活函数,pw 表示均衡变化与未变化区域的均衡因子,计算方式如下:

$$\beta = \frac{c_n}{c_n + c_p} \tag{5-4}$$

$$\text{pw} = \frac{\beta}{1 - \beta} \tag{5-5}$$

式中,β 为未变化系数;c_n 为变化检测真值 gt 中未变化区域所占像素个数;c_p 为变化检测真值 gt 中变化区域所占像素个数。

2. 多层次边缘几何结构损失

假设图 5.6 中边缘预测分支一与三在解码器模块的第 j 组输出特征的尺寸为 $m \times n$,该尺寸的特征经"端对端"的双线性内插(tf.image.resize),其尺寸与输入影像尺寸相同,那么该组特征对应的边缘几何损失为

$$\mathcal{L}_\theta^j(\text{gt}_{\text{edge}}, \text{pred}_{\text{edge}}) = -\text{gt}_{\text{edge}} \times \log(\text{sigmoid}(\text{pred}_{\text{edge}})) - (1 - \text{gt}_{\text{edge}}) \times \log(1 - \text{sigmoid}(\text{pred}_{\text{edge}})) \tag{5-6}$$

式中,gt_{edge} 与 $\text{pred}_{\text{edge}}$ 分别表示边缘的真值与边缘的预测值。最终多层次边缘几何结构损失函数如下:

$$\mathcal{L}_\theta(\text{gt}_{\text{edge}}, \text{pred}_{\text{edge}}) = \sum_{j=1}^{4} \frac{1}{j} \mathcal{L}_\theta^j(\text{gt}_{\text{edge}}, \text{pred}_{\text{edge}}) \tag{5-7}$$

3. 几何结构变化损失

几何结构的损失主要由前后期影像边缘信息的改变反映出来，假设前期影像预测边缘的结果为 $\text{pred}_{\text{edge}}^{p}$，后期影像通过与前期影像解码结构参数共享，预测的边缘结果为 $\text{pred}_{\text{edge}}^{a}$，那么前后期影像几何结构变化的损失函数如下：

$$\mathcal{L}_\theta(\text{gt},\ \text{pred}_{\text{edge}}^{p},\ \text{pred}_{\text{edge}}^{a}) = -\text{gt} \times \log(\text{sigmoid}(\text{pred}_{\text{edge}}^{a} - \text{pred}_{\text{edge}}^{p})) - (1 - \text{gt})$$
$$\times \log(1 - \text{sigmoid}(\text{pred}_{\text{edge}}^{a} - \text{pred}_{\text{edge}}^{p})) \quad (5\text{-}8)$$

综合公式（5-3）、公式（5-7）、公式（5-8），多分支几何结构约束的损失函数表达式如下：

$$\mathcal{L}_\theta(\text{gt},\ \text{pred},\ \text{pred}_{\text{edge}}) = \mathcal{L}_\theta(\text{gt},\ \text{pred}) + \mathcal{L}_\theta(\text{gt}_{\text{edge}},\ \text{pred}_{\text{edge}}) + \mathcal{L}_\theta(\text{gt},\ \text{pred}_{\text{edge}}^{p},\ \text{pred}_{\text{edge}}^{a})$$
$$(5\text{-}9)$$

5.6 实验结果分析

5.6.1 数据说明

为了验证本书方法的有效性，本书采用两种数据进行测试：SZTAKI 数据（Benedek et al.，2008，2009）以及实际工程监测数据。其中，SZTAKI 数据包括 13 张大小为 952×640 像素，空间分辨率为 1.5m/像素的前后期影像及其变化图斑。该数据集主要的变化类型包括：①新增建设区；②建筑物变化；③大面积林地变化；④新增耕地；⑤城建基地。实际工程监测测试数据包括：湖南衡阳拍摄于 2016 年和 2017 年的北京一号数据（空间分辨率 0.8m/像素，尺寸为 13924×11583 像素）、广州地区拍摄于 2011 年和 2013 年的 ZY-3 影像数据（空间分辨率 0.5m/像素，尺寸为 4391×3713 像素）、粤北乡村地区拍摄与 2018 年和 2019 年的北京一号与 GF-2 号影像（采样分辨率 0.8m/像素，12136×8750 像素）、珠三角城乡接合部 2018 年和 2019 年的 GF-2 号影像（采样分辨率 0.8m/像素，9720×15114 像素）。

对于 SZTAKI 数据，选取其中 10 张作为训练数据，另外 3 张（Szada-6，7；Tiszadob-5）作为测试数据。对于实际工程监测数据，利用已有的 19170 张变化样本切片数据做训练集，并使用含标注真值的湖南衡阳数据、广州地区数据测试精度指标，粤北乡村地区与珠三角城乡接合地区数据（不含真值）用于展示变化检测预测结果。

5.6.2 实验方法

本书采用 PyTorch 平台实现所提出的网络结构，训练使用的显卡为 NVIDIA GeForce

1080，显存大小为 8GB。在实验过程中，使用随机梯度下降（SGD）方法训练模型，模型训练的初始学习率、动量和权重衰减系数分别设置为 0.02、0.25 与 1×10^{-4}。小批量（minibatch）大小设置为 1，输入影像尺寸为 512×512 像素。经过 170 个迭代周期后，获取最终迭代模型权重。实验对比采用的指标有两种：对于 SZTAKI 数据，统计 OA、Precision、Recall、mIoU 等指标进行比较；对于实际工程监测数据，本书除了选用这些通用指标统计像素外，还结合实际项目需求，按变化对象统计相应的查全率与精准率，使之更贴合实际应用指标。

5.6.3 结果分析

图 5.9 展示了本书变化检测方法与相关方法在 SZTAKI 数据上的预测结果对比，表 5.2 是相应的定量评估结果。从图 5.9 可以看出，在有限数据量条件下（如 SZTAKI 仅有 13 张训练影像），FC-Siam-Conc 与 FC-Siam-Diff 容易造成漏检。同时结合表 5.2 的定量评价结果可以观察到，尽管 FC-EF-Diff 的召回率已达到 99.16%，但预测结果和真值相比仍存在较大偏差。本书的 GCDC-CD 方法，虽然召回率低于 FC-Siam-Diff 方法，但漏检的部分较少。通过引入边缘的几何结构约束信息，本书方法的 mIoU 值超出 FC-Siam-conc 方法约 1.35%。这表明，在有限样本条件下，引入几何结构信息并增加特征的跨层重用性，可以有效抑制变化区域的制漏检。

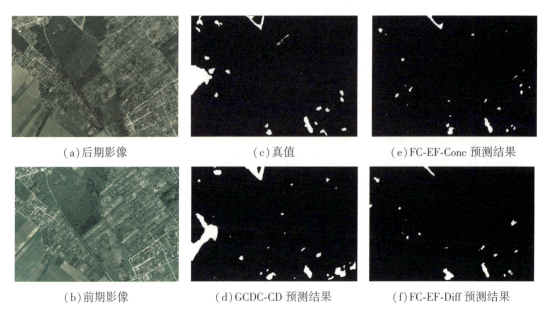

(a) 后期影像　　　　(c) 真值　　　　(e) FC-EF-Conc 预测结果

(b) 前期影像　　　　(d) GCDC-CD 预测结果　　　　(f) FC-EF-Diff 预测结果

图 5.9　SZTAKI 数据变化区域预测结果对比

5.6 实验结果分析

表 5.2　　　　　　　　　　SZTAKI 数据变化检测结果评估(%)

方法	Recall	Precision	F1	Kappa	OA	mIoU
FC-EF	97.11	57.92	62.19	25.99	94.28	55.04
FC-Siam-conc	98.50	56.77	61.17	23.24	97.02	55.28
FC-Siam-diff	**99.16**	59.10	64.99	30.38	**98.33**	58.27
DCGC-CD	98.79	**60.83**	**67.19**	**34.90**	97.60	**59.62**

图 5.10 与图 5.11 呈现了本书方法在湖南衡阳监测数据与广东省监测数据上的对比结果(有真值),图 5.12 展示了本书方法在粤北乡村地区、珠三角城乡接合地区的预测结果(无真值)。从图 5.10、图 5.11 与图 5.12 的可视化对比结果可以看出,与 FC-Siam-Conc 和 FC-Siam-Diff 模型对比,GCDC-CD 方法针对不同分辨率影像均能得到较为合理的结果。不过,该方法也存在一定不足之处,即 GCDC-CD 模型对细长的变化区域,例如图 5.10 中的道路变化,并没有得到理想结果。导致这一现象的主要因素在于训练数据中样本前背景分布极不均衡,道路变化类型的数据量过少,很难通过网络学习到该类别的变化。这也解释了 FC-Siam-Conc 和 FC-Siam-Diff 方法预测结果与真值相比,存在较多漏检的可能原因是数

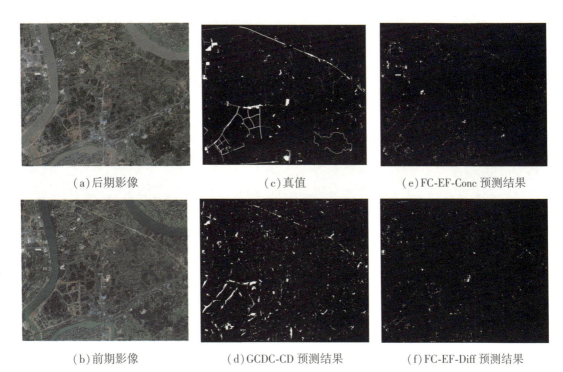

(a)后期影像　　　　　　(c)真值　　　　　　(e)FC-EF-Conc 预测结果

(b)前期影像　　　　　(d)GCDC-CD 预测结果　　　(f)FC-EF-Diff 预测结果

图 5.10　GCDC-CD 方法在湖南衡阳监测数据预测结果对比

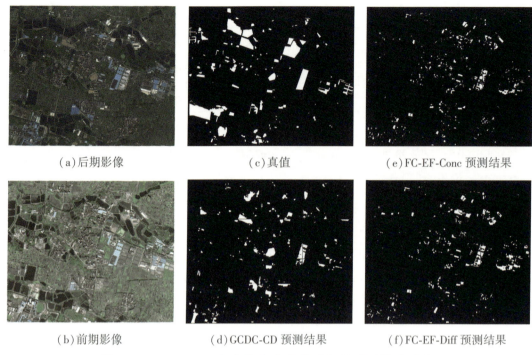

图 5.11 GCDC-CD 方法在广东省监测数据预测结果对比

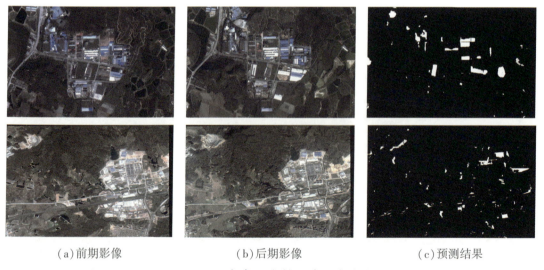

图 5.12 GCDC-CD 方法在粤北乡村及珠三角城市地区测试结果

据的分布不均衡,变化特征未能通过跨越连接得到较好重用。从表 5.3 按像素统计结果及表 5.4 在实际工程项目中按处理对象结果可以看出,一方面,GCDC-CD 方法在绝大多数评价指标方面均具有一定优势,其在按像素统计的 mIoU 指标上高于 FC-EF-

Diff 约 2%，这表明通过整合几何结构信息可以有效检测出明显变化区域；另一方面，不论哪种方法，在工程测试中按对象统计的指标均低于按像素统计指标，这表明现有方法应用于工程项目中仍有进一步研究空间。

表 5.3　　　　　　　　实际工程监测数据按像素的精度评估(%)

方法	Recall	Precision	F1	Kappa	OA	mIoU
FC-EF	98.92	65.88	73.57	47.43	97.87	64.81
FC-Siam-conc	**99.67**	65.85	73.91	47.91	**99.35**	65.53
FC-Siam-diff	99.08	66.81	74.69	49.63	98.18	65.89
DCGC-CD	98.73	**68.66**	**76.54**	**53.35**	97.51	**67.39**

表 5.4　　　　　　　实际工程监测数据按变化图斑对象的精度评估(%)

方法	按对象面积		按对象个数	
	Recall(查全率)	Precision(精度)	Recall(查全率)	Precision(精度)
FC-EF	17.08	31.70	**56.69**	20.41
FC-EF-conc	10.99	37.69	41.40	37.68
FC-EF-diff	12.45	34.57	40.13	25.25
DCGC-CD	**22.18**	**44.87**	44.77	**37.92**

5.7　本章小结

本章主要介绍了一种基于密集连接和几何结构约束的遥感影像变化检测方法(DCGC-CD)，该方法通过变化特征跨层重用与几何结构约束，在有限训练样本条件下，有效抑制了变化区域的漏检情况，同时保持了较高的预测精度。在 SZTAKI 变化检测数据与实际工程测试数据上，DCGC-CD 方法均表现了良好的性能。实际工程监测数据评估结果表明，DCGC-CD 方法依据变化对象可用于工程监测项目，在国土变化检测、地理国情监测等任务中有着巨大的实用价值。

第6章 总结与展望

6.1 总　　结

为了解决高分辨率遥感影像智能解译与变化检测的关键问题，本书以"数据-像素-目标-场景"的语义分割层次认知模型为理论基石，研究了遥感影像专题要素提取与半自动交互式分割方法。通过借鉴这些核心解译模型的设计方法，系统构建了任务驱动的实用化变化检测模型。本书主要研究内容和结论如下。

1. 研究了高分辨率遥感影像语义分割的层次认知方法

建立了"数据-像素-目标-场景"的层次认知模型。提出一种适用于高分辨率遥感影像数据增广的 CLS-GAN 方法，该方法以条件最小二乘损失函数作为生成式对抗网络目标函数，使得生成器位于判别器的最佳决策边界，有效避免深度网络迭代过程中梯度弥散问题。同时，通过利用已有未标注数据和众源数据，能实现有限标注样本条件下的数据增广。设计一种多标签流形排序优化（DMSMR）的语义分割网络，综合考虑卷积神经网络设计的尺度、感受野、先验知识融合等因素，以"端对端"形式获取全局最优解。提出一种方向性目标辅助的语义分割方法，使 CNN 网络具有旋转不变性，从根源上解决了遥感影像旋转不变特征提取问题，实现旋转不变目标辅助条件下的高分辨率遥感影像语义分割。同时，模拟人类视觉系统中回路的方向选择性，设计了一种"端对端"的主方向估计方法，使得方向变化情况下目标的检测更加鲁棒。以影像的场景信息作为约束，提出场景约束条件下的影像语义分割方法，该方法易于融入语义分割框架中，能抑制无关场景信息的干扰，提升语义分割精度。

2. 研究了遥感影像线状/面状地物专题要素提取方法

针对遥感影像上的线状地物（主要是道路），提出了基于 DCNN 的中心线与宽度预测的方法。在此基础上，提出基于关键点检测的线状地物拓扑结构重建与优化方法；针对面状地物矢量提取问题，提出了端到端的矢量提取方法，通过空间上下文融合、多尺度目标种子点预测与边界矢量捕捉，实现了端到端的面状地物矢量要素提取。本章所提出的线状/面状地物提取方法，在 DeepGlobe，SpaceNet 等数据上进行了验证，与基于分割再提取的方法相比，本书方法不需复杂矢量化过程，为直接由影像获取矢量成图提供了行之有效的途径。

3. 研究了人机交互的遥感目标半自动提取方法

建立了融入注意力机制的人机交互的半自动提取方法 HOS-NL Click，该方法结合了"点模拟"与"笔画模拟"两种方式，将"笔画模拟"的序列点转换为"点模拟"；设计了自动提取与半自动交互提取优化方法相结合的机制，该机制首先预测影像中单类目标，得到指定类别目标的初始分割信息；然后在初始分割结果基础上，以预测区域重心为"模拟点"，得到该区域的优化结果。HOS-NL Click 方法可有效用于矢量化边界信息优化。

4. 研究了密集连接与几何结构约束的变化检测方法

提出了融合几何结构的 DCGC-CD 网络结构，DCGC-CD 实现了特征跨层重用与几何结构约束(主要是边缘信息)的变化区域的表征，通过类别损失、多分支几何结构边缘损失等调整，预测得到两期影像的变化区域。在 SZTAKI 数据上经验证，与 FC-EF、FC-Siam-conc、FC-Siam-diff 方法相比，本书方法在 OA/Precision/Recall/mIoU 等指标上均具有明显优势；同时本书也展示了在实际项目上的效果，在粤北乡村、珠三角城乡接合部、衡阳等地区实际测试表明，本书方法可有效用于实际工程项目，满足变化图斑的识别与更新任务。

6.2 展　　望

本书聚焦于"数据-像素-目标-场景"的层次认知语义分割方法、线状/面状地物提取、交互式目标分割，以及几何结构约束的智能变化检测方法，并进行探索和开展相关实验。展望未来，该领域的研究方向有望呈现如下趋势。

1. 有限训练样本条件下的弱监督及半监督语义分割方法

本书所阐述的基于 DCNN 的高分辨率影像语义分割层次认知方法，当前仍停留在监督训练模型上。然而，在日常生活中，存在各种各样与影像相关联的众源数据信息，如文本、语音等。以这些未标注的数据为基础，用于辅助无监督或者弱监督信号的影像语义分割，是一个可能的发展方向。此外，可以通过强化学习来引导语义分割任务，亦是一种值得深入探索的途径。强化学习的显著特点在于规则性引导训练过程，无须大量监督信号，是真正意义上的机器"自主学习"。对于遥感影像语义分割任务而言，如果能针对某些特定目标，如房屋、道路、飞机等建立一定的高层规则，并运用这些知识和规则来引导语义分割过程，将有可能实现真正的无需人工干预的遥感影像智能化解译。最后，本书提出的方法，在语义分割任务中所取得的效果，主要依赖于 GPU 硬件集群环境的支撑。尽管目前众多 DCNN 算法已被集成至硬件环境中，但这些芯片和硬件主要是针对自然影像处理的需求设计的，对于遥感影像很多特性并未考虑在内。因此，未来有必要进一步将语义分割的层次认知方法，以及线/面状地物和交互式提取方法扩展至硬件层面，以此推动本领域朝着智能化方向迈进。

2. 关键点信息的端到端矢量提取机制

本书对线状与面状地物的矢量化提取方法展开了初步探索。在这一过程中，通过构建关键点信息引导拓扑结构重建和优化。而关键点的提取依赖于特定规则的生成，如在道路提取时需要预先提取中心线再采样得到关键点真值；在面状地物提取时需要计算多边形中心点坐标，以此作为关键点真值。尽管这些关键点的生成方法能部分解决预测问题，但仍依赖于既定人为设置的规则，规则的合理性决定了最终矢量信息的准确性。因此，未来有必要进一步探索线状和面状结构地物的关键点生成机制，形成一整套完整的由关键点构建矢量拓扑关系的方法，达到直接成图的目的。

3. 复杂城市区域变化图斑虚警抑制机制研究

本书对几何结构约束的变化检测方法开展了深入研究。该方法在处理无大范围投影差与畸变的影像时，均能获取较好的效果。但在实际作业过程中，往往需要在保持较高查全率的前提下，有效抑制影像中多余的虚警变化图斑。此外，在城市区域拍摄的高分辨率航空与卫星影像，由于受到拍摄视角影响，多期的影像间存在大量的投影差与几何变形。针对这一问题，如何克服这些畸变信息影响，同时使变化图斑满足实际生产需求，仍需要进一步研究针对城市区域的变化区域图斑的预警抑制机制，使检测结果保持较高查全率和较低的虚警。

参 考 文 献

[1] Achanta R, Shaji A, Smith K, et al. 2012. SLIC superpixels compared to state-of-the-art superpixel methods[J].IEEE Transactions on Pattern Analysis and Machine Intelligence, 34(11):2274-2282.

[2] Acuna D, Ling H, Kar A, et al. (2018). Efficient interactive annotation of segmentation datasets with polygon-rnn++. In Proceedings of the IEEE conference on Computer Vision and Pattern Recognition, pp. 859-868.

[3] Agustsson E, Uijlings J, Ferrari V. (2019). Interactive Full Image Segmentation by Considering All Regions Jointly[C]//In IEEE Conference on Computer Vision and Pattern Recognition(CVPR).

[4] Alam F I, Zhou J, Liew W C, et al. 2016. CRF learning with CNN features for hyperspectral image segmentation[C]//In Geoscience and Remote Sensing Symposium(IGARSS).

[5] Ali S M, Silvey S D. 1966. A General Class of Coefficients of Divergence of One Distribution from Another[J].Journal of the Royal Statistical Society. 28(1):131-142.

[6] Amini A, Weymouth T E, Jain R C. Using dynamic programming for solving variational problems in vision[J]. IEEE Transactions on Pattern Analysis and Machine Intelligence, 1990, 12(9):855-867.

[7] Ammour N, Alhichri H, Bazi Y, et al. 2017. Deep Learning Approach for Car Detection in UAV Imagery[J].Remote Sensing, 9(4):1-15.

[8] Amo M, Martinez F, Torre M. Road extraction from aerial images using a region competition algorithm[J].IEEE Transactions on Image Processing, 2006, 15(5):1192-1201.

[9] Anil P N, Natarajan S. 2013. Road Extraction Using Topological Derivative and Mathematical Morphology[J].Journal of the Indian Society of Remote Sensing, 41(3):719-724.

[10] Arjovsky M, Bottou L. 2017. Towards Principled Methods for Training Generative Adversarial Networks[J].arXiv preprint arXiv,1701.04862.

[11] Arjovsky M, Chintala S, Bottou L. 2017. Wasserstein GAN[J]. arXiv preprint arXiv:1701.07875.

[12] Arnab A, Jayasumana S, Zheng S, et al. 2016. Higher Order Conditional Random Fields in Deep Neural Networks[C]// In European Conference on Computer Vision(ECCV).

[13] Asokan, A., & Anitha, J. (2019). Change detection techniques for remote sensing applications: a survey[J]. Earth Science Informatics, 12(2), 143-160.

[14] Audebert N, Boulch A, Lagrange A, et al. 2016. Deep Learning for Remote Sensing[R]. ONERA The French Aerospace Lab, Univ. Bretagne-Sud and ENSTA ParisTech, France.

[15] Audebert N, Le Saux B, Lefèvre S. 2016. Semantic Segmentation of Earth Observation Data Using Multimodal and Multi-scale Deep Networks[C]// In Asian Conference on Computer Vision(ACCV).

[16] Audebert N, Le Saux B, Lefèvre S. 2017. Segment-before-detect: Vehicle detection and classification through semantic segmentation of aerial images[J]. Remote Sensing. 9(4): 368.

[17] Awrangjeb M, 2015. Effective Generation and Update of a Building Map Database Through Automatic Building Change Detection from LiDAR Point Cloud Data[J]. Remote Sensing (7): 14119-14150.

[18] Badrinarayanan V, Kendall A, Cipolla R. 2017. SegNet: A Deep Convolutional Encoder-Decoder Architecture for Scene Segmentation. [J]. IEEE Transactions on Pattern Analysis and Machine Intelligence, 39(12): 2481-2495.

[19] Bajcsy R, Tavakoli M. 1976. Computer Recognition of Roads from Satellite Pictures[J]. IEEE Transactions on Systems Man Cybernetics-Systems, 6(9): 623-637.

[20] Bastani F, He S, Abbar S, et al. RoadTracer: Automatic Extraction of Road Networks from Aerial Images: IEEE Conference on Computer Vision and Pattern Recognition, 2018[C].

[21] Bearman A, Russakovsky O, Ferrari V, et al. 2016. What's the Point: Semantic Segmentation with Point Supervision[C]//In European Conference on Computer Vision (ECCV).

[22] Belgiu M, Drăguţ L. 2016. Random forest in remote sensing: A review of applications and future directions[J]. ISPRS Journal of Photogrammetry and Remote Sensing. 114: 24-31.

[23] Benedek C, Szirányi T. (2008, December). A mixed Markov model for change detection in aerial photos with large time differences. In 2008 19th International Conference on Pattern Recognition(pp. 1-4). IEEE.

[24] Benedek C, Szirányi T. 2009. Change detection in optical aerial images by a multilayer conditional mixed Markov model[J]. IEEE Transactions on Geoscience and Remote Sensing, 47(10): 3416-3430.

[25] Bittner K, Cui S, Reinartz P. 2017. Building Extraction From Remote Sensing Data Using Fully Convolutional Networks. Isprs-International Archives of the Photogrammetry, Remote Sensing and Spatial Information Sciences, 481-486.

[26] Bodla N, Singh B, Chellappa R, et al. 2017. Soft-NMS — Improving Object Detection with One Line of Code[J].arxiv preprint arXiv,1411. 6369.

[27] Bottou L. 2012. Stochastic Gradient Descent Tricks[M].Springer Berlin Heidelberg.

[28] Boulch A. 2015. DAG of convolutional networks for semantic labeling[R]. Office National d'études et de Recherches Aérospatiales:Palaiseau, France.

[29] Bouziani M, Goïta K, He D C, 2010. Automatic change detection of buildings in urban environment from very high spatial resolution images using existing geodatabase and prior knowledge[J]. ISPRS Journal of Photogrammetry and Remote Sensing,65, 143-153.

[30] Braun M, Rao Q, Wang Y, et al. 2016. Pose-RCNN:Joint object detection and pose estimation using 3D object proposals[C]// In IEEE International Conference on Intelligent Transportation Systems.

[31] Brostow G J, Fauqueur J, Cipolla R. 2009. Semantic object classes in video:A high-definition ground truth database[J].Pattern Recognition Letters,30(2):88-97.

[32] Brostow G J, Shotton J, Fauqueur J, et al. 2008. Segmentation and Recognition Using Structure from Motion Point Clouds[C]// In European Conference on Computer Vision (ECCV).

[33] Bruna J, Mallat S. 2013. Invariant Scattering Convolution Networks[J].IEEE Transactions on Pattern Analysis and Machine Intelligence,35(8):1872-1886.

[34] Bulo S R, Neuhold G, Kontschieder P. 2017. Loss Max-Pooling for Semantic Image Segmentation[C]// In IEEE International on Computer Vision and Pattern Recognition (CVPR).

[35] Cai Z, Fan Q, Feris R S, et al. 2016. A Unified Multi-scale Deep Convolutional Neural Network for Fast Object Detection [C]// In European Conference on Computer Vision (ECCV).

[36] Castrejon L, Kundu K, Urtasun R, et al. 2017. Annotating Object Instances with a Polygon-RNN [C]// In IEEE Conference on Computer Vision and Pattern Recognition(CVPR).

[37] Chaabouni-Chouayakh H, Krauß T, d'Angelo P, et al., 2010. 3D change detection inside urban areas using different digital surface models.

[38] Chaabouni-Chouayakh H, Reinartz P. 2011. Towards automatic 3D change detection inside urban areas by combining height and shape information. Photogrammetrie-Fernerkundung-

Geoinformation 2011, 205-217.

[39] Chan T F, Vese L A. 2001. Active contours without edges[J]. IEEE Transactions on Image Processing, 10(2):266-277.

[40] Chandra S, Kokkinos I. 2016. Fast, Exact and Multi-scale Inference for Semantic Image Segmentation with Deep Gaussian CRFs[C]// In European Conference on Computer Vision (ECCV).

[41] Chaudhary P, Daronco S, De Vitry M M, et al. 2019. FLOOD-WATER LEVEL ESTIMATION FROM SOCIAL MEDIA IMAGES. ISPRS Annals of the Photogrammetry, Remote Sensing and Spatial Information Sciences, 5-12.

[42] Chen L C, Papandreou G, Kokkinos I, et al. 2016. DeepLab: Semantic Image Segmentation with Deep Convolutional Nets, Atrous Convolution, and Fully Connected CRFs. [J]. IEEE Transactions on Pattern Analysis and Machine Intelligence, (99):1.

[43] Chen L C, Yang Y, Wang J, et al. 2016. Attention to Scale: Scale-Aware Semantic Image Segmentation [C]// In IEEE conference on computer vision and pattern recognition (CVPR).

[44] Chen L, Papandreou G, Kokkinos I, et al. 2014. Semantic Image Segmentation with Deep Convolutional Nets and Fully Connected CRFs[J]. arXiv preprint arXiv, 1412. 7062.

[45] Chen X, Duan Y, Houthooft R, et al. 2016. InfoGAN: Interpretable Representation Learning by Information Maximizing Generative Adversarial Nets [C]// In Advances in Neural Information Processing Systems (NIPS).

[46] Chen X, Xiang S, Liu C L, et al. 2017. Vehicle Detection in Satellite Images by Hybrid Deep Convolutional Neural Networks[J]. IEEE Geoscience and Remote Sensing Letters, 11(10):1797-1801.

[47] Chen B, Chen Z, Deng L, et al. 2016. Building change detection with RGB-D map generated from UAV images. Neurocomputing 208, 350-364.

[48] Chen H, Shi Z. 2020. A Spatial-Temporal Attention-Based Method and a New Dataset for Remote Sensing Image Change Detection. Remote Sensing, 12(10), 1662.

[49] Chen Y, Fan R, Yang X, et al. 2018. Extraction of Urban Water Bodies from High-Resolution Remote-Sensing Imagery Using Deep Learning. Water, 10(5).

[50] Cheng G, Han J, Lu X. 2017. Remote Sensing Image Scene Classification: Benchmark and State of the Art[J]. Proceedings of the IEEE, 105(10):1865-1883.

[51] Cheng G, Wang Y, Xu S, et al. 2017. Automatic Road Detection and Centerline Extraction via Cascaded End-to-End Convolutional Neural Network [J]. IEEE Transactions on

Geoscience and Remote Sensing,55(6):3322-3337.

[52] Cheng G, Zhou P, Han J. 2016. Learning Rotation-Invariant Convolutional Neural Networks for Object Detection in VHR Optical Remote Sensing Images[J]. IEEE Transactions on Geoscience & Remote Sensing,54(12):7405-7415.

[53] Cheng D, Liao R, Fidler S, et al. 2019. DARNet:Deep Active Ray Network for Building Segmentation[C]// In IEEE Conference on Computer Vision and Pattern Recognition (CVPR).

[54] Cohen T S, Welling M. 2016. Group Equivariant Convolutional Networks[C]// In International Conference on Machine Learning(ICML).

[55] Cordts M, Omran M, Roamos S, et al. 2015. The Cityscapes Dataset[C]// In CVPR Workshop on the Future of Datasets in Vision.

[56] Costea D, Leordeanu M. 2016. Aerial image geolocalization from recognition and matching of roads and intersections[J].arXiv preprint arXiv,1605.08323.

[57] Cover T M, Thomas J A.1991. Elements of Information Theory. Wiley [M]. Tsinghua University Press.

[58] Csiszár I, Shields P C. 1990. Information Theory and Statistics: A Tutorial [J]. Communications and Information Theory,1(4):301.

[59] Dai J, He K, Sun J. 2015. BoxSup:Exploiting Bounding Boxes to Supervise Convolutional Networks for Semantic Segmentation[C]// In International Conference on Computer Vision (ICCV).

[60] Dai J, He K, Sun J. 2015. Convolutional Feature Masking for Joint Object and Stuff Segmentation[C]// In IEEE Conference on Computer Vision and Pattern Recognition (CVPR).

[61] Dai J, He K, Sun J. 2016. Instance-Aware Semantic Segmentation via Multi-task Network Cascades[C]// In IEEE Conference on Computer Vision and Pattern Recognition(CVPR).

[62] Daudt R,Saux B,Boulch A,et al. 2018. High Resolution Semantic Change Detection.

[63] Daudt R C,Le Saux B,Boulch A. et al. 2018. Urban Change Detection for Multispectral Earth Observation Using Convolutional Neural Networks. In IEEE International Geoscience and Remote Sensing Symposium(IGARSS),(7):2115-2118. IEEE.

[64] Daudt R C,Saux B L,Boulch A, et al. 2018. Fully Convolutional Siamese Networks for Change [218] Detection, 2018 25th IEEE International Conference on Image Processing (ICIP),4063-4067.

[65] Davis H. 1979. Self-reference and the encoding of personal information in depression[J].

Cognitive Therapy and Research,3(1):97-110.

[66] Defries R, Townshend J. 1994. NDVI-derived land cover classification at global scales[J]. International Journal of Remote Sensing,15(17):3567-3586.

[67] Demir I, Koperski K, Lindenbaum D, et al. Deepglobe 2018:A challenge to parse the earth through satellite images. 2018 IEEE/CVF Conference on Computer Vision and Pattern Recognition Workshops (CVPRW). IEEE, 172-17209.

[68] Deng J, Dong W, Socher R, et al. 2009. ImageNet: A large-scale hierarchical image database[C]// In IEEE Conference on Computer Vision and Pattern Recognition(CVPR).

[69] Denton E, Chintala S, Szlam A, et al. 2015. Deep generative image models using a Laplacian pyramid of adversarial networks [C]// In International Conference on Neural Information Processing Systems(ICONIP).

[70] Dini G, Jacobsen K, Rottensteiner F, et al. 2012. 3D building change detection using high resolution stereo images and a GIS database, Int. Archives Photogrammetry, Remote Sensing and Spatial Information Sciences-XXII ISPRS Congress, B7.

[71] Dribault Y, Chokmani K, Bernier M. 2012. Monitoring Seasonal Hydrological Dynamics of Minerotrophic Peatlands Using Multi-Date GeoEye-1 Very High Resolution Imagery and Object-Based Classification[J].Remote Sensing. 4(7):1887-1912.

[72] Du P, Liu S, Gamba P, et al. 2011. Fusion of Difference Images for Change Detection Over Urban Areas. urban remote sensing joint event.

[73] Du S, Zhang Y, Qin R, et al. 2016. Building Change Detection Using Old Aerial Images and New LiDAR Data. Remote Sensing 8, 1030.

[74] Everingham M, Gool L V, Williams C K I, et al. 2010. The Pascal Visual Object Classes (VOC)Challenge[J].International Journal of Computer Vision. 88(2):303-338.

[75] Fang B, Pan L, Kou R. 2019. Dual Learning-Based Siamese Framework for Change Detection Using Bi-Temporal VHR Optical Remote Sensing Images. Remote Sensing 11, 1292.

[76] Farabet C, Couprie C, Najman L, et al. 2013. Learning Hierarchical Features for Scene Labeling[J].IEEE Transactions on Pattern Analysis and Machine Intelligence. 35(8):1915-1929.

[77] Frey B J, Dayan G E H P. 1995. Does the Wake-sleep Algorithm Produce Good Density Estimators? [J].Neural Information Processing Systems Number. 661-667.

[78] Frey B. 1998. Graphical Models for Machine Learning and Digital Communication[M].The MIT Press.

[79] Gao Y, Liu X. 2014. Integrating Bayesian Classifier into Random Walk optimizer for

interactive image segmentation on mobile phones[J].2014 IEEE International Conference on Multimedia and Expo Workshops(ICMEW), 1-6.

[80] Gerke M. 2015. Use of the Stair Vision Library within the ISPRS 2D Semantic Labeling Benchmark(Vaihingen)[R].University of Twente:Enschede, The Netherlands.

[81] Ghule S A, Mangala T R. 2015. Road Network Extraction Using Support Vector Machines [J].International Journal of Scientific and Engineering Research, 6(10):521-526.

[82] Girshick R, Donahue J, Darrell T, et al. 2014. Rich Feature Hierarchies for Accurate Object Detection and Semantic Segmentation[C]// In IEEE conference on computer vision and pattern recognition(CVPR).

[83] Girshick R. 2015. Fast R-CNN[J].arxiv preprint arXiv,1504.0808.

[84] Glasser M F, Coalson T S, Robinson E C, et al. 2016. A multi-modal parcellation of human cerebral cortex[J].Nature,536(7615):171.

[85] Glorot X, Bordes A, Bengio Y. 2011. Deep sparse rectifier neural networks[C]// In International Conference on Artificial Intelligence and Statistics.

[86] Gong M,Niu X,Zhang P, et al.2017. Generative Adversarial Networks for Change Detection in Multispectral Imagery. IEEE Geoscience and Remote Sensing Letters(14):2310-2314.

[87] Gong M,Yang Y,Zhan T,et al. 2019. A Generative Discriminatory Classified Network for Change Detection in Multispectral Imagery[J]. IEEE J. Sel. Top. Appl. Earth Observ. Remote Sens(12):321-333.

[88] Gong M,Zhan T,Zhang P,et al. 2017. Superpixel-Based Difference Representation Learning for Change Detection in Multispectral Remote Sensing Images[J]. IEEE Transactions on Geoscience and Remote Sensing(55):2658-2673.

[89] Gong M,Zhao J,Liu J,et al. 2016. Change Detection in Synthetic Aperture Radar Images Based on Deep Neural Networks[J]. IEEE Transactions on Neural Networks and Learning Systems(27):125-138.

[90] Goodfellow I, Pouget-Abadie J, Mirza M, et al. 2014. Generative adversarial nets[C]// In Advances in neural information processing systems(NIPS).

[91] Goodfellow I. 2016. NIPS 2016 Tutorial:Generative Adversarial Networks[J].arXiv preprint arXiv:1701.00160.

[92] Grady L, Sinop A K. 2008. Fast approximate random walker segmentation using eigenvector precomputation[C]//26th IEEE Conference on Computer Vision and Pattern Recognition, CVPR:1-8.

[93] Grigillo D,Kosmatin Fras M,Petrovič D, et al. 2011. Automatic extraction and building

change detection from digital surface model and multispectral orthophoto. Geodetski vestnik 55, 28-45.

[94] Grote A, Heipke C, Rottensteiner F, et al. 2009. Road extraction in suburban areas by region-based road subgraph extraction and evaluation: Urban Remote Sensing Event, [C].

[95] Gruen A, Agouris P. 1994. Linear feature extraction by least squares template matching constrained by internal shape forces[J].Proc Spie, 30:316-323.

[96] Gupta S, Girshick R, Arbeláez P, et al. 2014. Learning Rich Features from RGB-D Images for Object Detection and Segmentation[C]// In European Conference on Computer Vision (ECCV).

[97] Habibie N, Dewanto V, Chandra J, et al. 2015. Evolutionary segment selection for higher-order conditional random fields in semantic image segmentation [C]// In International Conference on Advanced Computer Science and Information Systems.

[98] Han J, Zhang D, Cheng G, et al. 2015. Object Detection in Optical Remote Sensing Images Based on Weakly Supervised Learning and High-Level Feature Learning [J]. IEEE Transactions on Geoscience and Remote Sensing. 53(6):3325-3337.

[99] Haralick R, Shanmugan K, Dinstein I. 1973. Textural features for image classification[J]. IEEE Transactions on Systems, Man and Cybernetics, 3:610-621.

[100] Hariharan B, Arbelaez P, Bourdev L, et al. 2012. Semantic contours from inverse detectors [C]// In IEEE International Conference on Computer Vision(ICCV).

[101] Hariharan B, Arbeláez P, Girshick R, et al. 2014. Simultaneous Detection and Segmentation[C]// In European Conference on Computer Vision(ECCV).

[102] He K, Gkioxari G, Dollár P, et al. 2017. Mask R-CNN [J]. arxiv preprint arXiv: 1703.06870.

[103] He K, Zhang X, Ren S, et al. 2015. Spatial Pyramid Pooling in Deep Convolutional Networks for Visual Recognition[J].IEEE Transactions on Pattern Analysis and Machine Intelligence, 37(9):1904-1916.

[104] He K, Zhang X, Ren S, et al. 2016. Deep Residual Learning for Image Recognition[C]// In IEEE Conference on Computer Vision and Pattern Recognition(CVPR).

[105] He X, Cai D, Niyogi P. 2005. Laplacian Score for Feature Selection[C]// In Advances in neural information processing systems.

[106] Heikkilä M, Pietikäinen M, Schmid 2006. C. Description of interest regions with center-symmetric local binary patterns[J].Computer Vision, Graphics and Image Processing(2): 58-69.

[107] Heng-Kai L I, Xiong Y F, Li-Xin W U. 2017. The Object-oriented Recognition Method for Remote Sensing Image with High Spatial Resolution for Iron Rare Earth Mining[J].Chinese Rare Earths,38(4):38-49.

[108] Hermosilla T,Ruiz L A,Recio J A, et al. 2011. Evaluation of automatic building detection approaches combining high resolution images and LiDAR data. Remote Sensing (3):1188-1210.

[109] Hinton G E, Osindero S, TEH Y. 2006. A Fast Learning Algorithm for Deep Belief Nets [J].Neural Computation, 18(7):1527-1554.

[110] Hinton G E, Sejnowski T J, Ackley D H. 1984. Boltzmann machines:Constraint satisfaction networks that learn [G]. Carnegie-Mellon University, Department of Computer Science, Pittsburgh, Pennsylvania.

[111] Hjelm R D, Jacob A P, Che T, et al. 2017. Boundary-Seeking Generative Adversarial Networks[J].arXiv preprint arXiv,1702. 08431.

[112] Hong S, Noh H, Han B. 2015. Decoupled Deep Neural Network for Semi-supervised Semantic Segmentation [C]// In Advances in neural information processing systems (NIPS).

[113] Hou B, Wang Y, Liu Q. 2017. Change Detection Based on Deep Features and Low Rank. IEEE Geoscience and Remote Sensing Letters (14):2418-2422.

[114] Hu F, Xia G S, Hu J, et al. 2015. Transferring Deep Convolutional Neural Networks for the Scene Classification of High-Resolution Remote Sensing Imagery[J]. Remote Sensing, 7 (11):14680-14707.

[115] Hu X, Tao V. 2007. Automatic extraction of main road centerlines from high resolution satellite imagery using hierarchical grouping[J].Photogrammetric Engineering and Remote Sensing, 73(9):1049-1056.

[116] Huang G, Liu Z, Maaten L V D, et al. 2017. Densely Connected Convolutional Networks [C]// In IEEE International Conference on Computer Vision and Pattern Recognition (CVPR).

[117] Huang X, Zhang L. 2009. Road centerline extraction from high-resolution imagery based on multiscale structural features and support vector machines [J]. International Journal of Remote Sensing, 30(8):1977-1987.

[118] Huang Z, Cheng G, Wang H, et al. 2016. Building extraction from multi-source remote sensing images via deep deconvolution neural networks [C]// In IEEE International Geoscience and Remote Sensing Symposium (IGARSS).

[119] Huang X, Zhang L. 2012. Morphological Building/Shadow Index for Building Extraction From High-Resolution Imagery Over Urban Areas. IEEE Journal of Selected Topics in Applied Earth Observations and Remote Sensing, 5(1):161-172.

[120] Immitzer M, Atzberger C, Koukal T. 2012. Tree Species Classification with Random Forest Using Very High Spatial Resolution 8-Band WorldView-2 Satellite Data[J]. Remote Sensing,4(9):2661-2693.

[121] Ioffe S, Szegedy C. 2015. Batch Normalization:Accelerating Deep Network Training by Reducing Internal Covariate Shift[C]// In International Conference on Machine Learning (ICML).

[122] Isola P, Zhu J Y, Zhou T, et al. 2016. Image-to-Image Translation with Conditional Adversarial Networks[J].arXiv preprint arXiv,1611.07004.

[123] Jacobsen J, van Gemert J, Lou Z, et al. 2016. Structured Receptive Fields in CNNs[C]// In IEEE Conference on Computer Vision and Pattern Recognition(CVPR).

[124] Jacobsen K. 2005. High Resolution Satellite Imaging Systems-an Overview [J]. Photogrammetrie Fernerkundung Geoinformation (6):487.

[125] Jaderberg M, Simonyan K, Zisserman A, et al. 2015. Spatial Transformer Networks[C]// In Advances in neural information processing systems(NIPS).

[126] Jang W, Kim C. 2019. Interactive Image Segmentation via Backpropagating Refinement Scheme[C]// In IEEE Conference on Computer Vision and Pattern Recognition(CVPR).

[127] Jia, Yangqing, Shelhamer, et al. 2017. Caffe:Convolutional Architecture for Fast Feature Embedding [C]// In Proceedings of the 22nd ACM international conference on Multimedia. ACM.

[128] Jiang H, Hu X, Li K, et al. 2020. PGA-SiamNet:Pyramid Feature-Based Attention-Guided Siamese Network for Remote Sensing Orthoimagery Building Change Detection.

[129] Jung F.2004. Detecting building changes from multitemporal aerial stereopairs. ISPRS Journal of Photogrammetry and Remote Sensing(58):187-201.

[130] Kampffmeyer M, Salberg A B, Jenssen R. 2016. Semantic Segmentation of Small Objects and Modeling of Uncertainty in Urban Remote Sensing Images Using Deep Convolutional Neural Networks[C]// In IEEE Conference on Computer Vision and Pattern Recognition Workshops(CVPRW).

[131] Kass M, Witkin A, Terzopoulos D. 1988.Snakes:Active contour models[J].International Journal of Computer Vision, 1(4):321-331.

[132] Kendall A, Badrinarayanan V, Cipolla R. 2015. Bayesian SegNet:Model Uncertainty in

Deep Convolutional Encoder-Decoder Architectures for Scene Understanding[J]. arXiv preprint arXiv,1511. 02680.

[133] Kim T, Cha M, Kim H, et al. 2017. Learning to Discover Cross-Domain Relations with Generative Adversarial Networks[J].arXiv preprint arXiv,1703. 05192.

[134] Kingma D P, Ba J. 2014. Adam:A Method for Stochastic Optimization[J].arXiv preprint arXiv,1412. 6980.

[135] Knudsen T, Olsen B P. 2003. Automated change detection for updates of digital map databases. Photogrammetric Engineering & Remote Sensing(69):1289-1296.

[136] Kohli P, Torr P H S. 2009. Robust higher order potentials for enforcing label consistency[J].International Journal of Computer Vision,82(3):302-324.

[137] Koltun V. 2013. Parameter learning and convergent inference for dense random fields[C]// In International Conference on Machine Learning(ICML).

[138] Kononenko I. 1994. Estimating attributes:analysis and extensions of RELIEF[C]// In European Conference on Machine Learning on Machine Learning.

[139] Krähenbühl P, Koltun V. 2011. Efficient Inference in Fully Connected CRFs with Gaussian Edge Potentials[J].Advances in neural information processing systems(NIPS),109-117.

[140] Krizhevsky A, Sutskever I, Hinton G E. 2012. ImageNet classification with deep convolutional neural networks[C]// In Advances in neural information processing systems (NIPS).

[141] Kruizinga P, Petkov N. 1999. Nonlinear Operator for Blob Texture Segmentation[J].Nsip, 8(1):881-885.

[142] Lak A M, Zoej M J V, Mokhtarzade M.2016. A new method for road detection in urban areas using high-resolution satellite images and Lidar data based on fuzzy nearest-neighbor classification and optimal features. Arabian Journal of Geosciences (9):358.

[143] Lam D, Kuzma R, McGee K, et al. 2018. xview:Objects in context in overhead imagery. arXiv preprint arXiv,1802. 07856.

[144] Laptev D, Savinov N, Buhmann J M, et al. 2016. TI-POOLING:Transformation-Invariant Pooling for Feature Learning in Convolutional Neural Networks[C]// In IEEE Conference on Computer Vision and Pattern Recognition(CVPR).

[145] Lebedev M, Vizilter Y, Vygolov O, et al. 2018. Change Detection in Remote Sensing Images Using Conditional Adversarial Networks. Isprs-International Archives of the Photogrammetry, Remote Sensing and Spatial Information Sciences XLII-2, 565-571.

[146] Lecun Y, Bengio Y, Hinton G. 2015. Deep learning[J].Nature,521(7553):436.

[147] Lecun Y, Bottou L, Bengio Y, et al. 1998. Gradient-based learning applied to document recognition[J].Proceedings of the IEEE,86(11):2278-2324.

[148] Li H, Wu W, Wu E. 2015. Robust interactive image segmentation via graph-based manifold ranking[J].Computational Visual Media,1(3):183-195.

[149] Li J, Hu Q, Ai M. 2018.Unsupervised road extraction via a Gaussian mixture model with object-based features[J].International Journal of Remote Sensing, 39(8):2421-2440.

[150] Li J, Yang Z, Liu H, et al. 2017. Deep Rotation Equivariant Network[J].arXiv preprint arXiv,1705.08623.

[151] Li X, Liu Z, Luo P, et al. 2017. Not All Pixels Are Equal:Difficulty-Aware Semantic Segmentation via Deep Layer Cascade[J].arxiv preprint arXiv,1704.01344.

[152] Li Z, Shi W, Wang Q, et al. 2015. Extracting Man-Made Objects From High Spatial Resolution Remote Sensing Images via Fast Level Set Evolutions[J].IEEE Transactions on Geoscience and Remote Sensing,53(2):883-899.

[153] Li X,Yuan Z,Wang Q.2019. Unsupervised Deep Noise Modeling for Hyperspectral Image Change Detection. Remote Sensing(11):258.

[154] Li Z,Chen Q, Koltun V. 2018. Interactive Image Segmentation with Latent Diversity[C]// In IEEE Conference on Computer Vision and Pattern Recognition(CVPR).

[155] Liang X, Shen X, Xiang D, et al. 2016. Semantic Object Parsing with Local-Global Long Short-Term Memory [C]// In IEEE Conference on Computer Vision and Pattern Recognition(CVPR).

[156] Liese F, Vajda I. 2006. On Divergences and Informations in Statistics and Information Theory[J].IEEE Transactions on Information Theory,52(10):4394-4412.

[157] Lin D Y. 2016. Deep Unsupervised Representation Learning for Remote Sensing Images[J]. arXiv preprint arXiv,1612.08879.

[158] Lin G, Milan A, Shen C, et al. 2017. RefineNet:Multi-Path Refinement Networks for High-Resolution Semantic Segmentation [C]// In IEEE Conference on Computer Vision and Pattern Recognition(CVPR).

[159] Lin G, Shen C, Hengel A, et al. 2015. Efficient Piecewise Training of Deep Structured Models for Semantic Segmentation [C]// In IEEE Conference on Computer Vision and Pattern Recognition(CVPR).

[160] Lin M, Chen Q, Yan S. 2013. Network In Network[J].arXiv preprint arXiv,1312.4400.

[161] Lin T Y, Goyal P, Girshick R, et al. 2017. Focal Loss for Dense Object Detection[C]// In IEEE International Conference on Computer Vision(ICCV).

[162] Lin T, Maire M, Belongie S, et al. 2014. Microsoft COCO: Common Objects in Context [C]// In European conference on computer vision(ECCV).

[163] Lin Y C, Tsai Y P, Hung Y P, et al. 2006. Comparison between immersion-based and toboggan-based watershed image segmentation[J]. IEEE Transactions on Image Processing, 15(3):632-640.

[164] Lin Z, Zhang Z, Chen L Z, et al. 2020. Interactive Image Segmentation with First Click Attention. In Proceedings of the IEEE/CVF Conference on Computer Vision and Pattern Recognition, 13339-13348.

[165] Lindeberg T. 2011. Scale-space theory: a basic tool for analyzing structures at different scales [J]. Journal of Applied Statistics, 21(1-2):225-270.

[166] Ling H, Gao J, Kar A, et al. 2019. Fast Interactive Object Annotation With Curve-GCN. computer vision and pattern recognition. In Proceedings of the IEEE conference on Computer Vision and Pattern Recognition, 859-868.

[167] Liu H, Setiono R. 1995. Chi2: Feature Selection and Discretization of Numeric Attributes [C]// In International Conference on Tools with Artificial Intelligence.

[168] Liu M Y, Tuzel O. 2016. Coupled Generative Adversarial Networks[C]// In Advances in neural information processing systems(NIPS).

[169] Liu W, Anguelov D, Erhan D, et al. 2016. SSD: Single Shot MultiBox Detector[C]// In European conference on computer vision(ECCV).

[170] Liu W, Rabinovich A, Berg A C. 2015. ParseNet: Looking Wider to See Better[J]. arxiv preprint arXiv, 1506.04579.

[171] Liu J, Gong M, Qin K, et al. 2018. A Deep Convolutional Coupling Network for Change Detection Based on Heterogeneous Optical and Radar Images. IEEE Transactions on Neural Networks and Learning Systems (29):545-559.

[172] Liu Z, Gong P, Shi P, et al. 2010. Automated building change detection using UltraCamD images and existing CAD data. International Journal of Remote Sensing (31):1505-1517.

[173] Long J, Shelhamer E, Darrell T. 2015. Fully convolutional networks for semantic segmentation[C]// In IEEE conference on computer vision and pattern recognition (CVPR).

[174] Luan S, Zhang B, Chen C, et al. 2017. Gabor Convolutional Networks[J]. arXiv preprint arXiv, 1705.01450.

[175] Luc P, Couprie C, Chintala S, et al. 2016. Semantic Segmentation using Adversarial Networks[J]. arXiv preprint arXiv, 1611.08408.

参 考 文 献

[176] Luppino L T, Bianchi F M, Moser G, et al. 2019. Unsupervised Image Regression for Heterogeneous Change Detection. IEEE Transactions on Geoscience and Remote Sensing, 57(12):9960-9975.

[177] Lyu Y, Vosselman G, Xia G-S, et al. 2020. UAVid:A semantic segmentation dataset for UAV imagery. ISPRS Journal of Photogrammetry and Remote Sensing (165):108-119.

[178] Lyu H, Lu H, Mou L. 2016. Learning a Transferable Change Rule from a Recurrent Neural Network for Land Cover Change Detection. Remote Sensing (8): 506.

[179] Ma L, Du B, Chen H, et al. 2016. Region-of-Interest Detection via Superpixel-to-Pixel Saliency Analysis for Remote Sensing Image[J]. IEEE Geoscience and Remote Sensing Letters,13(12):1752-1756.

[180] Maboudi M, Amini J, Hahn M, et al. 2017. Object-based road extraction from satellite images using ant colony optimization[J].International Journal of Remote Sensing, 38(1): 179-198.

[181] Majumder S, Yao A. 2019. Content-Aware Multi-Level Guidance for Interactive Instance Segmentation[C]// In IEEE Conference on Computer Vision and Pattern Recognition (CVPR).

[182] Malpica J A, Alonso M C, Papí F, et al. 2013. Change detection of buildings from satellite imagery and lidar data. International Journal of Remote Sensing (34): 1652-1675.

[183] Maninis K, Caelles S, Ponttuset J, et al. 2018. Deep Extreme Cut:From Extreme Points to Object Segmentation [C]// In IEEE Conference on Computer Vision and Pattern Recognition (CVPR).

[184] Mao X, Li Q, Xie H, et al. 2017. Least Squares Generative Adversarial Networks[C]// In IEEE International conference on Computer Vision(ICCV).

[185] Marcos D, Volpi M, Tuia D. 2017. Learning rotation invariant convolutional filters for texture classification[C]// In International Conference on Pattern Recognition(ICPR).

[186] Marcu A, Leordeanu M. 2016. Dual Local-Global Contextual Pathways for Recognition in Aerial Imagery[J].arXiv preprint arXiv,1605. 05462.

[187] Marmanis D, Wegner J D, Galliani S, et al. 2016. Semantic Segmentation of Aerial Images with an Ensemble of CNNs[J].ISPRS Annals of the Photogrammetry, Remote Sensing and Spatial Information Sciences (3):473-480.

[188] Maskin E. 2010. Nash Equilibrium and Welfare Optimality[J].Review of Economic Studies, 66(1):23-38.

[189] Masland R H. 2013. Neuroscience:Accurate maps of visual circuitry [J]. Nature, 500

(7461):154-155.

[190] Matikainen L, Hyyppä J, Ahokas E, et al. 2010. Automatic detection of buildings and changes in buildings for updating of maps. Remote Sensing (2):1217-1248.

[191] Mattyus G, Luo W, Urtasun R. 2017. DeepRoadMapper:Extracting Road Topology from Aerial Images:IEEE International Conference on Computer Vision[C].

[192] Miao Z, Wang B, Shi W, et al. 2014. A Semi-Automatic Method for Road Centerline Extraction From VHR Images[J].IEEE Geoscience and Remote Sensing Letters, 11(11):1856-1860.

[193] Mirza M, Osindero S. 2014. Conditional Generative Adversarial Nets[J]. arXiv preprint arXiv,1411.1784.

[194] Mnih V, Hinton G E. 2010. Learning to Detect Roads in High-Resolution Aerial Images[M]//Berlin, Heidelberg:Springer Berlin Heidelberg.

[195] Mnih V, Kavukcuoglu K, Silver D, et al. 2015. Human-level control through deep reinforcement learning[J].Nature,518(7540):529-533.

[196] Mohanty S P. 2018. Crowdai mapping challenge 2018:Baseline with mask rcnn.

[197] Mortensen E N, Barrett W A. 1998. Interactive Segmentation with Intelligent Scissors[J]. Graphical Models and Image Processing, 60(5):349-384.

[198] Mortensen E N, Barrett W A. 1999. Toboggan-Based Intelligent Scissors with a Four Parameter Edge Model[J].Cvpr, 452-458.

[199] Mortensen E, Barrett W. 1995. Intelligent Scissors for Image Composition[J].Computer Graphics, 84602(801):191-198.

[200] Mostajabi M, Yadollahpour P, Shakhnarovich G. 2015. Feedforward semantic segmentation with zoom-out features [C]// In IEEE conference on computer vision and pattern recognition(CVPR).

[201] Mou L, Bruzzone L, Zhu X X. 2019. Learning Spectral-Spatial-Temporal Features via a Recurrent Convolutional Neural Network for Change Detection in Multispectral Imagery. IEEE Transactions on Geoscience and Remote Sensing (57):924-935.

[202] Murakami H,Nakagawa K,Hasegawa H, et al. 1999. Change detection of buildings using an airborne laser scanner. ISPRS Journal of Photogrammetry and Remote Sensing (54):148-152.

[203] Nauata, Nelson; FURUKAWA, Yasutaka. Vectorizing World Buildings:Planar Graph Reconstruction by Primitive Detection and Relationship Inference. arXiv, 2019, arXiv:1912.05135.

[204] Nebiker S, Lack N, Deuber M. 2014. Building Change Detection from Historical Aerial Photographs Using Dense Image Matching and Object-Based Image Analysis. Remote Sensing (6): 8310-8336.

[205] Niu X, Gong M, Zhan T, et al. 2019. A Conditional Adversarial Network for Change Detection in Heterogeneous Images. IEEE Geoscience and Remote Sensing Letters 16, 45-49.

[206] Noh H, Hong S, Han B. 2015. Learning Deconvolution Network for Semantic Segmentation[C]// In IEEE International Conference on Computer Vision(CVPR).

[207] Noma A, Graciano A B V, Cesar Jr R M, et al. 2012. Interactive image segmentation by matching attributed relational graphs[J]. Pattern Recognition, Elsevier, 45(3):1159-1179.

[208] Nowozin S, Cseke B, Tomioka R. 2016. f-GAN:Training Generative Neural Samplers using Variational Divergence Minimization[J]. arXiv preprint arXiv, 1606.00709.

[209] Ojala T, Pietikäinen M, Harwood D. 1996. A comparative study of texture measures with classification based on featured distributions[J]. Pattern Recognition, 29(1):51-59.

[210] Ojala T, Pietikainen M, Maenpaa T. 2002. Multiresolution gray-scale and rotation invariant texture classification with local binary patterns[J]. IEEE Transactions on Pattern Analysis and Machine Intelligence, 24(7):971-987.

[211] Onojeghuo A O, Blackburn G A. 2011. Mapping reedbed habitats using texture-based classification of QuickBird imagery[J]. International Journal of Remote Sensing, 32(23): 8121-8138.

[212] Paisitkriangkrai S, Sherrah J, Janney P, et al. 2015. Effective semantic pixel labelling with convolutional networks and Conditional Random Fields[C]// In IEEE Conference on Computer Vision and Pattern Recognition Workshops(CVPRW).

[213] Pang S, Hu X, Cai Z, et al. 2018. Building Change Detection from Bi-Temporal Dense-Matching Point Clouds and Aerial Images. Sensors (18): 966.

[214] Pang S, Hu X, Wang Z, et al. 2014. Object-Based Analysis of Airborne LiDAR Data for Building Change Detection. Remote Sensing (6): 10733-10749.

[215] Papandreou G, Chen L C, Murphy K P, et al. 2015. Weakly-and Semi-Supervised Learning of a Deep Convolutional Network for Semantic Image Segmentation[C]// In IEEE International Conference on Computer Vision(ICCV).

[216] Peng D, Zhang M, Wanbing G. 2019. End-to-End Change Detection for High Resolution Satellite Images Using Improved UNet++[J]. Remote Sensing (11): 1382.

[217] Peng S, Jiang W, Pi H, et al. 2020. Deep Snake for Real-Time Instance Segmentation. In

Proceedings of the IEEE/CVF Conference on Computer Vision and Pattern Recognition, 8533-8542.

[218] Pesaresi M, Gerhardinger A, Kayitakire F. 2009. A robust built-up area presence index by anisotropic rotation-invariant textural measure [J]. IEEE J. Sel. Top. Appl. Earth Obs. Remote Sens (1): 180-192.

[219] Pesaresi M, Gerhardinger A. 2011. Improved textural built-up presence index for automatic recognition of human settlements in arid regions with scattered vegetation [J]. IEEE J Sel. Top. Appl. Earth Obs. Remote Sens (4): 162-166.

[220] Pinheiro P O, Lin T, Collobert R, et al. 2016. Learning to Refine Object Segments [C]// In European Conference on Computer Vision (ECCV).

[221] Piramanayagam S, Schwartzkopf W, Koehler F W, et al. 2016. Classification of remote sensed images using random forests and deep learning framework [C]// In Image and Signal Processing for Remote Sensing XXII. International Society for Optics and Photonics.

[222] Qiao C, Luo J, Sheng Y, et al. 2012. An Adaptive Water Extraction Method from Remote Sensing Image Based on NDWI. Journal of The Indian Society of Remote Sensing, 40(3), 421-433.

[223] Qin R. 2014. An Object-Based Hierarchical Method for Change Detection Using Unmanned Aerial Vehicle Images [J]. Remote Sensing (6): 7911-7932.

[224] Qin R, Huang X, Gruen A, et al. 2017. Object-Based 3-D Building Change Detection on Multitemporal Stereo Images [J]. IEEE Journal of Selected Topics in Applied Earth Observations & Remote Sensing (8): 2125-2137.

[225] Qin R, Tian J, Reinartz P. 2016. 3D change detection-Approaches and applications. Isprs Journal of Photogrammetry & Remote Sensing (122): 41-56.

[226] Qin R, Tian J, Reinartz P. 2016. Spatiotemporal inferences for use in building detection using series of very-high-resolution space-borne stereo images. International Journal of Remote Sensing, 37.

[227] Qin R J. 2014. Change detection on LOD 2 building models with very high resolution spaceborne stereo imagery [J]. Isprs Journal of Photogrammetry and Remote Sensing (96): 179-192.

[228] Quang N T, Thuy N T, Sang D V, et al. 2015. An Efficient Framework for Pixel-wise Building Segmentation from Aerial Images [C]// In International Symposium on Information and Communication Technology.

[229] Radford A, Metz L, Chintala S. 2015. Unsupervised Representation Learning with Deep

Convolutional Generative Adversarial Networks[J].arXiv preprint arXiv,1511.06434.

[230] Radke R J, Andra S, Alkofahi O, et al. 2005. Image change detection algorithms: a systematic survey. IEEE Transactions on Image Processing, 14(3), 294-307.

[231] Redmon J, Divvala S, Girshick R, et al. 2016. You Only Look Once: Unified, Real-Time Object Detection[C]// In IEEE conference on computer vision and pattern recognition (CVPR).

[232] Ren S, He K, Girshick R, et al. 2017. Faster R-CNN: Towards Real-Time Object Detection with Region Proposal Networks[J]. IEEE Transactions on Pattern Analysis and Machine Intelligence,39(6):1137-1149.

[233] Rezende D J, Mohamed S, Wierstra D. 2014. Stochastic Backpropagation and Approximate Inference in Deep Generative Models[J].arxiv preprint arXiv,1401.4082.

[234] Romero A, Gatta C, Camps-Valls G. 2016. Unsupervised Deep Feature Extraction for Remote Sensing Image Classification[J]. IEEE Transactions on Geoscience and Remote Sensing,54(3):1349-1362.

[235] Ronneberger O, Fischer P, Brox T. 2015. U-Net: Convolutional Networks for Biomedical Image Segmentation[C]// In International Conference on Medical Image Computing and Computer-Assisted Intervention.

[236] Ronneberger O, Fischer P, Brox T. 2015. U-Net: Convolutional Networks for Biomedical Image Segmentation[C]// In International Conference on Medical Image Computing and Computer-Assisted Intervention.

[237] Rosenfeld A, Thurston M. 1971. Edge and Curve Detection for Visual Scene Analysis[J]. IEEE Trans Comput,20(5):562-569.

[238] Rottensteiner F, Sohn G, Jung J, et al. 2015. The ISPRS Benchmark on Urban Object Classification and 3d Building Reconstruction [J]. SPRS Ann. Photogramm. Remote Sens. Spat. Inf,1(3):293-298.

[239] Ruder S. 2016. An overview of gradient descent optimization algorithms[J].arXiv preprint arXiv,1609.04747.

[240] Russakovsky O, Deng J, Su H, et al. 2015. ImageNet Large Scale Visual Recognition Challenge. arXiv,1409.0575.

[241] Saber S, Frosst N, Hinton G E. 2017. Dynamic Routing Between Capsules[J]. arxiv preprint arXiv,1710.09829.

[242] Saha S, Bovolo F, Bruzzone L. 2019. Unsupervised Deep Change Vector Analysis for Multiple-Change Detection in VHR Images[J]. IEEE Transactions on Geoscience and

Remote Sensing (57):3677-3693.

[243] Sakurada K. 2018. Weakly Supervised Silhouette-based Semantic Change Detection. ArXiv abs/1811. 11985.

[244] Sakurada K, Okatani T. 2015. Change Detection from a Street Image Pair using CNN Features and Superpixel Segmentation[J]. Proceedings of the British Machine Vision Conference(BMVC) (61):61,12.

[245] Sakurada K, Okatani T. 2015. Change Detection from a Street Image Pair using CNN Features and Superpixel Segmentation[J]. Proceedings of the British Machine Vision Conference(BMVC)(6):1-6. 12.

[246] Salehpour S, Johansson A, Gustafsson T. 2009. Parameter Estimation and Change Detection in Linear Regression Models Using Mixed Integer Linear Programming. IFAC Proceedings Volumes, 42(10), 209-214.

[247] Schapire R E. 2003. The Boosting Approach to Machine Learning: An Overview[M]. Springer New York.

[248] Shakeel A, Sultani W, Ali M. 2019. Deep built-structure counting in satellite imagery using attention based re-weighting[J]. Isprs Journal of Photogrammetry and Remote Sensing, 313-321.

[249] Sherrah J. 2016. Fully Convolutional Networks for Dense Semantic Labelling of High-Resolution Aerial Imagery[J].arXiv preprint arXiv,1606. 02585.

[250] Shevade S K, Keerthi S S. 2003. A simple and efficient algorithm for gene selection using sparse logistic regression[J].Bioinformatics,19(17):2246.

[251] Shi B, Bai X, Belongie S. 2017. Detecting Oriented Text in Natural Images by Linking Segments[C]// In IEEE Conference on Computer Vision and Pattern Recognition(CVPR).

[252] Shi W, Miao Z, Debayle J. 2014. An Integrated Method for Urban Main-Road Centerline Extraction From Optical Remotely Sensed Imagery[J].IEEE Transactions on Geoscience and Remote Sensing, 52(6):3359-3372.

[253] Sifre L, Mallat S. 2013. Rotation, Scaling and Deformation Invariant Scattering for Texture Discrimination[C]// In IEEE Conference on Computer Vision and Pattern Recognition (CVPR).

[254] Silver D, Huang A, Maddison C J, et al. 2016. Mastering the game of Go with deep neural networks and tree search[J].Nature,529(7587):484-489.

[255] Silver D, Schrittwieser J, Simonyan K, et al. 2017. Mastering the game of Go without human knowledge.[J].Nature,550(7676):354-359.

参 考 文 献

[256] Simonyan K, Zisserman A. 2014. Very Deep Convolutional Networks for Large-Scale Image Recognition[J].arXiv preprint arXiv,1409.1556.

[257] Sommer L W, Schuchert T, Beyerer J. 2017. Deep learning based multi-category object detection in aerial images[C]// In International Society for Optics and Photonics on Automatic Target Recognition XXVII.

[258] Speldekamp T, Fries C, Gevaert C, et al. 2015. Automatic Semantic Labelling of Urban Areas using a rule-based approach and realized with MeVisLab[R].

[259] Sujatha C, Selvathi 2015. D. Connected component-based technique for automatic extraction of road centerline in high resolution satellite images[J]. EURASIP Journal on Image and Video Processing (8):1-16.

[260] Szegedy C, Ioffe S, Vanhoucke V, et al. 2017. Inception-v4, Inception-ResNet and the Impact of Residual Connections on Learning[C]// In Association for the Advancement of Artificial Intelligence(AAAI).

[261] Szegedy C, Liu W, Jia Y, et al. 2015. Going Deeper with Convolutions[C]// In IEEE conference on computer vision and pattern recognition(CVPR).

[262] Szegedy C, Vanhoucke V, Ioffe S, et al. 2016. Rethinking the Inception Architecture for Computer Vision[C]// In IEEE Conference on Computer Vision and Pattern Recognition (CVPR).

[263] Teo T A, Shih, T Y. 2013. Lidar-based change detection and change-type determination in urban areas. International Journal of Remote Sensing (34):968-981.

[264] Thomas D, Der S Z. 1998. Voting Techniques for Combining Multiple Classifiers (No. ARL-TR-1549). ARMY RESEARCH LAB ADELPHI MD.

[265] Tian J, Chaabouni-Chouayakh H, Reinartz P. 2011. 3D Building Change Detection from High Resolution Spaceborne Stereo Imagery, International Workshop on Multi-Platform/multi-Sensor Remote Sensing and Mapping, 1-7.

[266] Tian J, Cui S, Reinartz P. 2014. Building change detection based on satellite stereo imagery and digital surface models[J]. Geoscience and Remote Sensing, IEEE Transactions (52): 406-417.

[267] Tian J, Nielsen A A, Reinartz P.2013. Building damage assessment after the earthquake in Haiti using two post-event satellite stereo imagery and DSMs[J]. International Journal of Image & Data Fusion (6):155-169.

[268] Tian J, Reinartz P.2011. Multitemporal 3d change detection in urban areas using stereo information from different sensors, Image and Data Fusion(ISIDF), 2011 International

Symposium on. IEEE, 1-4.

[269] Tian J, Reinartz P, d'Angelo P, et al. 2013. Region-based automatic building and forest change detection on Cartosat-1 stereo imagery[J]. ISPRS Journal of Photogrammetry and Remote Sensing (79):226-239.

[270] Tong X, Lu Q, Xia G, et al. 2018. Large-scale Land Cover Classification in GaoFen-2 Satellite Imagery. arXiv:Computer Vision and Pattern Recognition.

[271] Tschannen M, Cavigelli L, Mentzer F, et al. 2017. Deep Structured Features for Semantic Segmentation[C]// In 25th European Signal Processing Conference(EUSIPCO).

[272] Tu J, Li D, Feng W, et al. 2017. Detecting Damaged Building Regions Based on Semantic Scene Change from Multi-Temporal High-Resolution Remote Sensing Images[J]. ISPRS International Journal of Geo-Information (6):131.

[273] Vakalopoulou M, Karantzalos K, Komodakis N, et al. 2015. Building detection in very high resolution multispectral data with deep learning features [C]// In IEEE International Geoscience and Remote Sensing Symposium(IGRASS).

[274] Vale G M D, Poz A P D. 2004. Dynamic programming approach for road centerline extraction from digital images[J]. Geomatica, 58(4):287-295.

[275] Van Etten A, Lindenbaum D, Bacastow T M. 2018. Spacenet: A remote sensing dataset and challenge series[J]. arXiv preprint arXiv, 1807.01232.

[276] Vasilescu M A O, 2005. Terzopoulos D. Multilinear independent components analysis[C]// In IEEE Conference on Computer Vision and Pattern Recognition(CVPR).

[277] Vemulapalli R, Tuzel O, Liu M Y, et al. 2016. Gaussian Conditional Random Field Network for Semantic Segmentation[C]// In IEEE Conference on Computer Vision and Pattern Recognition(CVPR).

[278] Ventura C, Pont-Tuset J, Caelles S, et al. 2018. Iterative deep learning for road topology extraction[J]. arXiv preprint arXiv, 1808.09814.

[279] Vezhnevets V, Konouchine V. 2005. GrowCut: Interactive multi-label ND image segmentation by cellular automata[J]. Proceedings of Graphicon, 150-156.

[280] Vincent L, Vincent L, Soille P. 1991. Watersheds in Digital Spaces: An Efficient Algorithm Based on Immersion Simulations[J]. IEEE Transactions on Pattern Analysis and Machine Intelligence, 13(6):583-598.

[281] Vo A V, Truong-Hong L, Laefer D F, et al. 2016. Processing of Extremely High Resolution [104] LiDAR and RGB Data: Outcome of the 2015 IEEE GRSS Data Fusion Contest—Part B: 3-D Contest[J]. IEEE Journal of Selected Topics in Applied Earth Observations and

Remote Sensing,9(12):5560-5575.

[282] Voegtle T, Steinle E. 2004. Detection and recognition of changes in building geometry derived from multitemporal laserscanning data.

[283] Vosselman G, de Knecht J. 1995. Road Tracing by Profile Matching and Kalman Filtering [J].Automatic Extraction of Man-Made Objects from Aerial and Space Images, 265-274.

[284] Vu T T,Matsuoka M,Yamazaki F. 2004. LIDAR-based change detection of buildings in dense urban areas, IEEE International Geoscience & Remote Sensing Symposium.

[285] Wang S, Bai M, Mattyus G, et al. 2017. TorontoCity:Seeing the World with a Million Eyes [C]// In IEEE International Conference on Computer Vision(ICCV).

[286] Wang W, Yang N, Zhang Y, et al. 2016. A review of road extraction from remote sensing images[J].Journal of Traffic and Transportation Engineering(English Edition), 3(3):271-282.

[287] Wang X, Shrivastava A, Gupta A. 2017. A-Fast-RCNN:Hard Positive Generation via Adversary for Object Detection[J].arXiv preprint arXiv, 1704.03414.

[288] Wang G, Wu M, Wei X, et al. 2020. Water Identification from High-Resolution Remote Sensing Images Based on Multidimensional Densely Connected Convolutional Neural Networks[J]. Remote Sensing, 12(5).

[289] Wang Q,Yuan Z,Du Q, et al. 2019. GETNET:A General End-to-End 2-D CNN Framework for Hyperspectral Image Change Detection [J]. IEEE Transactions on Geoscience and Remote Sensing (57):3-13.

[290] Wang Z, Acuna D, Ling H, et al. 2019. Object Instance Annotation With Deep Extreme Level Set Evolution[C]// In IEEE Conference on Computer Vision and Pattern Recognition (CVPR).

[291] Wei Y, Hu X, Gong J. 2018. End-to-End road centerline extraction via learning a confidence map:10th IAPR Workshop on Pattern Recognition in Remote Sensing, [C].

[292] Weismiller R A, Kristof S J, Scholz D K, et al. 1977. Change detection in coastal zone environments. Photogrammetric Engineering and Remote Sensing, 43(12):1533-1539.

[293] Wen Q,Jiang K,Wang W, et al. 2019. Automatic Building Extraction from Google Earth Images under Complex Backgrounds Based on Deep Instance Segmentation Network[J]. Sensors, 19(2):333.

[294] Williams D J, Shah M. 1992. A Fast Algorithm for Active Contours and Curvature Estimation[J].Image Understanding, 55(1):14-26.

[295] Worrall D E, Garbin S J, Turmukhambetov D, et al. 2017. Harmonic Networks:Deep

Translation and Rotation Equivariance[C]// In IEEE Conference on Computer Vision and Pattern Recognition(CVPR).

[296]Xia G S, Hu J, Hu F, et al. 2017. AID:A Benchmark Data Set for Performance Evaluation of Aerial Scene Classification[J].IEEE Transactions on Geoscience and Remote Sensing,55(7):3965-3981.

[297]Xia W, Zhong N, Geng D, et al. 2017. A weakly supervised road extraction approach via deep convolutional nets based image segmentation: International Workshop on Remote Sensing with Intelligent Processing, [C].

[298]Xia G, Bai X, Ding J, et al. 2018. DOTA:A Large-Scale Dataset for Object Detection in Aerial Images[C]// In IEEE Conference on Computer Vision and Pattern Recognition (CVPR).

[299]Xiang-Juan L I, Wang C L, Yu L I, et al. 2016. Optical remote sensing object detection based on fused feature contrast of subwindows[J].Optics and Precision Engineering.

[300]Xie L,Zhang H,Wang C, et al. 2015. Superpixel-based PolSAR images change detection [J]. ieee asia pacific conference on synthetic aperture radar.

[301]Xing J, Sieber R, Caelli T. 2018. A scale-invariant change detection method for land use/cover change research. ISPRS journal of photogrammetry and remote sensing, 7(1):141:252-264.

[302]Xu B, Wang N, Chen T, et al. 2015. Empirical Evaluation of Rectified Activations in Convolutional Network[J].arXiv preprint arXiv,1505.00853.

[303]Xu Y, Xiao T, Zhang J, et al. 2014. Scale-Invariant Convolutional Neural Networks[J]. arxiv preprint arXiv,1411.6369.

[304]Xu N, Price B, Cohen S, et al. 2017. Deep grabcut for object selection. arXiv preprint arXiv,1707.00243.

[305]Xu N,Price B,Cohen S, et al. 2016. Deep Interactive Object Selection[J].arXiv preprint arXiv,1603.04042.

[306]Yang H L,Yuan J,Lunga D, et al. 2018. Building Extraction at Scale Using Convolutional Neural Network: Mapping of the United States[J]. IEEE Journal of Selected Topics in Applied Earth Observations and Remote Sensing, 11(8):2600-2614.

[307]Yu F, Koltun V. 2015. Multi-Scale Context Aggregation by Dilated Convolutions[J].arXiv preprint arXiv,1511.07122.

[308]Yuan J, Gleason S S, Cheriyadat A M. 2013. Systematic Benchmarking of Aerial Image Segmentation[J].IEEE Geoscience and Remote Sensing Letters,10(6):1527-1531.

[309] Zhai M, Bessinger Z, Workman S, et al. 2016. Predicting Ground-Level Scene Layout from Aerial Imagery[J].arXiv preprint arXiv,1612.02709.

[310] Zhan Y, Fu K, Yan M, Sun, et al. 2017. Change Detection Based on Deep Siamese Convolutional Network for Optical Aerial Images[J]. IEEE Geoscience and Remote Sensing Letters (14): 1845-1849.

[311] Zhang M, Hu X, Zhao L, et al. 2017. Learning Dual Multi-Scale Manifold Ranking for Semantic Segmentation of High-Resolution Images[J].Remote Sensing,9(5):500.

[312] Zhang M, Yao J, Xia M, et al. 2015. Line-based Multi-Label Energy Optimization for fisheye image rectification and calibration[C]// In IEEE Conference on Computer Vision and Pattern Recognition(CVPR).

[313] Zhang W, Zeng S, Wang D, et al. 2015. Weakly supervised semantic segmentation for social images[C]// In IEEE Conference on Computer Vision and Pattern Recognition (CVPR).

[314] Zhang Y, Xia W, Zhang Y, et al. 2018. Road Extraction from Multi-source High-resolution Remote Sensing Image Using Convolutional Neural Network：International Conference on Audio, Language and Image Processing[C].

[315] Zhang Z, Liu Q, Wang Y. 2018. Road Extraction by Deep Residual U-Net[J]. IEEE Geoscience and Remote Sensing Letters, 15(5):749-753.

[316] Zhang Z, Zhang C, Shen W, et al. 2016. Multi-Oriented Text Detection with Fully Convolutional Networks[J].arXiv preprint arXiv,1604.04018.

[317] Zhang F, Nauata N, Furukawa Y. 2020. Conv-MPN:Convolutional Message Passing Neural Network for Structured Outdoor Architecture Reconstruction. [C]// In IEEE Conference on Computer Vision and Pattern Recognition(CVPR).

[318] Zhang H, Gong M, Zhang P, et al. 2016. Feature-Level Change Detection Using Deep Representation and Feature Change Analysis for Multispectral Imagery [J]. IEEE Geoscience and Remote Sensing Letters (13):1666-1670.

[319] Zhao H, Shi J, Qi X, et al. 2017. Pyramid Scene Parsing Network [C]// In IEEE Conferebce on Computer Vision and Pattern Recognition(CVPR).

[320] Zhao J, Mathieu M, LeCun Y. 2016. Energy-based Generative Adversarial Network[J]. arXiv preprint arXiv,1609.03126.

[321] Zhao L, Wang J, Li X, et al. 2016. On the Connection of Deep Fusion to Ensembling[J]. arxiv preprint arXiv,1611.07718.

[322] Zhao W, Du S. 2016. Spectral-Spatial Feature Extraction for Hyperspectral Image

Classification: A Dimension Reduction and Deep Learning Approach[J]. IEEE Transactions on Geoscience and Remote Sensing, 54(8):4544-4554.

[323] Zhao K, Kang J, Jung J, et al. 2018. Building Extraction from Satellite Images Using Mask R-CNN with Building Boundary Regularization[C]// In IEEE Conference on Computer Vision and Pattern Recognition(CVPR).

[324] Zhaohui Z, Prinet V, Songde M. 2003. Water body extraction from multi-source satellite images[J]. international geoscience and remote sensing symposium.

[325] Zheng S, Jayasumana S, Romeraparedes B, et al. 2015. Conditional Random Fields as Recurrent Neural Networks[C]// In IEEE International Conference on Computer Vision (ICCV).

[326] Zhou L, Zhang C, Wu M. 2018. D-LinkNet: LinkNet with Pretrained Encoder and Dilated Convolution for High Resolution Satellite Imagery Road Extraction: IEEE Conference on Computer Vision and Pattern Recognition[C].

[327] Zhou Y, Ye Q, Qiu Q, et al. 2017. Oriented Response Networks[C]// In IEEE Conference on Computer Vision and Pattern Recognition(CVPR).

[328] Zhu J, Park T, Isola P, et al. 2017. Unpaired Image-to-Image Translation Using Cycle-Consistent Adversarial Networks[C]// In IEEE International Conference on Computer Vision(ICCV).

[329] Zhu X X, Tuia D, Mou L, et al. 2017. Deep Learning in Remote Sensing: A Comprehensive Review and List of Resources[J]. IEEE Geoscience and Remote Sensing Magazine, 5(4):8-36.

[330] Zoran D, Weiss Y. 2011. From learning models of natural image patches to whole image restoration[C]// In IEEE International Conference on Computer Vision(ICCV).

[331] Zuo T, Feng J, Chen X. 2016. HF-FCN: Hierarchically Fused Fully Convolutional Network for Robust Building Extraction[C]// In Asian Conference on Computer Vision(ACCV).

[332] 巴桑, 张正健, 刘志红, 等. 2011. 基于概率神经网络的遥感影像分类方法[J]. 高原山地气象研究, 31(03): 26-29.

[333] 曹帆之, 朱述龙, 朱宝山, 等. 2016. 均值漂移与卡尔曼滤波相结合的遥感影像道路中心线追踪算法[J]. 测绘学报, 45(2): 205-212.

[334] 曹林林, 李海涛, 韩颜顺, 等. 2016. 卷积神经网络在高分遥感影像分类中的应用[J]. 测绘科学, 41(09): 170-175.

[335] 常胜江, 申金媛, 宋庄, 等. 1998. 一种用于多目标旋转不变分类识别的神经网络模型及算法[J]. 光学学报, 18(12): 1663-1668.

参 考 文 献

[336] 戴激光, 杜阳, 方鑫鑫, 等.2018.多特征约束的高分辨率光学遥感影像道路提取[J].遥感学报, 22(5): 777-791.

[337] 冯文卿, 眭海刚, 涂继辉, 等.2017.联合像素级和对象级分析的遥感影像变化检测[J].测绘学报, 46(09): 1147-1155+1164.

[338] 高常鑫, 桑农.2014.基于深度学习的高分辨率遥感影像目标检测[J].测绘通报.(s1): 108-111.

[339] 龚健雅, 季顺平.2018.摄影测量与深度学习[J].测绘学报, 47(6): 693-704.

[340] 龚健雅, 张觅, 胡翔云, 等.2022.智能遥感深度学习框架与模型设计[J].测绘学报.

[341] 国务院第一次全国地理国情普查领导小组办公室.2014.地理国情普查内容与指标[S].

[342] 韩洁, 郭擎, 李安.2017.结合非监督分类和几何-纹理-光谱特征的高分影像道路提取[J].中国图象图形学报, (12): 1788-1797.

[343] 郝建明, 甘元芳, 沈正波.2017.面向地理国情普查的高分辨率遥感影像半自动解译研究[J].测绘, (5): 206-210.

[344] 何小飞, 邹峥嵘, 陶超, 等.2016.联合显著性和多层卷积神经网络的高分影像场景分类[J].测绘学报, 45(9): 1073-1080.

[345] 胡翔云, 巩晓雅, 张觅.2018.变分法遥感影像人工地物自动检测[J].测绘学报, 47(5): 678-689.

[346] 胡翔云, 张祖勋, 张剑清.2002.航空影象上线状地物的半自动提取[J].中国图像图形学报, 7(2): 137-140.

[347] 李斌.1993.基于神经网络的平移旋转不变模式识别[J].计算机应用, (5): 25-26.

[348] 李德仁, 童庆禧, 李荣兴, 等.2012.高分辨率对地观测的若干前沿科学问题[J].中国科学: 地球科学, 42(6): 805-813.

[349] 李德仁, 王密, 沈欣, 等.2017.从对地观测卫星到对地观测脑[J].武汉大学学报(信息科学版), 42(2): 143-149.

[350] 李康群, 范影乐, 甘海涛, 等.2017.基于视通路多感受野朝向性关联的轮廓检测方法[J].中国生物医学工程学报, 36(1): 1-11.

[351] 李林.2014.基于概率图模型的图像整体场景理解方法研究[D].成都: 电子科技大学.

[352] 李青, 袁家政, 刘宏哲.2017.基于目标识别与显著性检测的图像场景多对象分割[J].计算机科学, 44(5): 308-313.

[353] 李小凯.2016.高分辨率遥感影像面状地物交互式提取方法研究[D].武汉: 武汉大学.

[354] 林鹏, 阮仁宗, 王玉强, 等. 2016. 一种基于面向对象的城镇道路自动提取方法研究[J]. 地理与地理信息科学, 32(1): 49-54.

[355] 刘大伟, 韩玲, 韩晓勇. 2016. 基于深度学习的高分辨率遥感影像分类研究[J]. 光学学报, 36(04): 306-314.

[356] 刘丹, 刘学军, 王美珍. 2017. 一种多尺度CNN的图像语义分割算法[J]. 遥感信息, 32(01): 57-64.

[357] 刘明慧, 张明, 隋洁. 2014. 自我信息对知觉选择中整体优先性的调控作用[J]. 心理学报, 46(3): 312-320.

[358] 刘少创, 林宗坚. 1996. 航空遥感影像中道路的半自动提取[J]. 武汉测绘科技大学学报, 21(3): 60-66.

[359] 刘扬, 付征叶, 郑逢斌. 2015. 基于神经认知计算模型的高分辨率遥感图像场景分类[J]. 系统工程与电子技术, 37(11): 2623-2633.

[360] 刘志浩, 冯柳平, 曹晓鹤. 2016. 基于深度学习的电线杆检测方法[J]. 北京印刷学院学报, 24(6): 44-47.

[361] 罗巍, 王东亮. 2017. 利用角度纹理特征提取高分辨率遥感影像中城市主干道路[J]. 中国图象图形学报, 22(11): 1584-1591.

[362] 莫永华, 吕永峰. 2008. 以人类分层传播模式探讨视觉理论的整合[J]. 现代教育技术, 18(11): 13-16.

[363] 庞世燕. 2015. 三维信息辅助的建筑物自动变化检测若干关键技术研究[D]. 武汉: 武汉大学.

[364] 钱乐乐. 2009. 基于视觉层次感知机制的图像理解方法研究[D]. [博士]安徽: 合肥工业大学.

[365] 芮挺, 费建超, 周遊, 等. 2016. 基于深度卷积神经网络的行人检测[J]. 计算机工程与应用, 52(13): 162-166.

[366] 史文中, 朱长青, 王昱. 2001. 从遥感影像提取道路特征的方法综述与展望[J]. 测绘学报, 30(3): 257-262.

[367] 宋焕生, 张向清, 郑宝峰, 等. 2018. 基于深度学习方法的复杂场景下车辆目标识别[J]. 计算机应用研究, 35(4).

[368] 眭海刚, 冯文卿, 李文卓, 等. 2018. 多时相遥感影像变化检测方法综述[J]. 武汉大学学报(信息科学版), 43(12): 1885-1898.

[369] 孙剑, 徐宗本. 2005. 计算机视觉中的尺度空间方法[J]. 工程数学学报, 22(6): 951-962.

[370] 王峰萍, 王卫星, 薛柏玉, 等. 2017. GVF Snake与显著特征相结合的高分辨率遥感图

像道路提取[J]. 测绘学报, 46(12): 1978-1985.

[371] 王海, 蔡英凤, 贾允毅, 等. 2017. 基于深度卷积神经网络的场景自适应道路分割算法[J]. 电子与信息学报, 39(02): 263-269.

[372] 魏域君. 2020. 顾及几何与拓扑特征的深度学习遥感影像道路提取[D]. 武汉: 武汉大学.

[373] 吴亮, 胡云安. 2010. 遥感图像自动道路提取方法综述[J]. 自动化学报, 36(7): 912-922.

[374] 项皓东. 2013. 从高分辨率遥感影像中提取道路信息的方法综述及展望[J]. 测绘与空间地理信息, 36(8): 202-206.

[375] 谢榕, 罗知微, 王雨晨, 等. 2017. 遥感卫星特定领域大规模知识图谱构建关键技术[J]. 无线电工程, 47(4): 1-6.

[376] 熊毅之, 卞松玲, 刘明, 等. 1997. 平移、旋转及尺度不变光学神经网络识别系统[J]. 红外与激光工程, (05): 17-21.

[377] 徐风尧, 王恒升. 2018. 移动机器人导航中的楼道场景语义分割[J]. 计算机应用研究, 35(05): 1-7.

[378] 薛昆南, 薛月菊, 毛亮, 等. 2016. 基于卷积词袋网络的视觉识别[J]. 计算机工程与应用, 52(21): 180-187.

[379] 杨艳青, 柴旭荣. 2017. 基于人工神经网络法的遥感影像分类研究[J]. 山西师范大学学报(自然科学版), 31(01): 94-98.

[380] 杨云, 朱长青, 张德. 2007. 高分辨率遥感影像上道路中心线的半自动提取[J]. 计算机辅助设计与图形学学报, (19): 781.

[381] 余淼, 胡占义. 2016. 一种鲁棒的约束物体检测和语义分割类别一致性的高阶能量项[J]. 计算机辅助设计与图形学学报, 28(8): 1201-1214.

[382] 张睿, 张继贤, 李海涛. 2008. 基于角度纹理特征及剖面匹配的高分辨率遥感影像带状道路半自动提取[J]. 遥感学报, 12(2): 224-232.

[383] 张煜, 张祖勋, 张剑清. 2000. 几何约束与影像分割相结合的快速半自动房屋提取[J]. 武汉测绘科技大学学报, 25(3): 238-242.

[384] 张祖勋, 姜慧伟, 庞世燕, 等. 2022. 多时相遥感影像的变化检测研究现状与展望[J]. 测绘学报.

[385] 张祖勋, 张剑清, 胡翔云. 2001. 基于物方空间几何约束最小二乘匹配的建筑物半自动提取方法[J]. 武汉大学学报·信息科学版, 26(4).

[386] 周安发. 2012. 高分辨率遥感影像城区道路提取方法研究[D]. 长沙: 中南大学.